电子元器件失效分析技术丛书

通信产品 PCB
关键材料通用评估方法

安　维　李冀星　编著
王志坚　审校

電子工業出版社.
Publishing House of Electronics Industry
北京·BEIJING

内 容 简 介

本书作者从终端客户的角度出发，结合当前主流PCB厂家的关键物料以及工艺评估体系，从实际应用的角度，详细阐述了PCB关键物料的评估方法，向读者呈现板材、阻焊、表面处理药水以及当前高速高频材料等PCB生产加工关键原材料评估的系统性方法，对终端客户以及PCB加工厂家有一定的实践指导意义。同时，作者依据多年的从业经验，详细介绍了行业先进的材料、加工工艺以及生产过程管理方案的评估及应用，并结合实际案例，向读者详细阐述了当前行业前沿技术的评估方法以及趋势，希望对PCB加工厂家如何选择优异的材料、工艺和生产过程管理方案有指导意义，对原材料加工厂家对新材料的开发、推广、评估有一定的启发。

本书既可作为从事电子元器件制造及电子装联工作的工程技术人员的参考书，也可作为相关企业员工的专业技能培训教材，还可作为高等院校相关专业师生的教学参考书。

图书在版编目（CIP）数据

通信产品PCB关键材料通用评估方法 / 安维，李冀星编著. 一北京：电子工业出版社，2022.7
（电子元器件失效分析技术丛书）
ISBN 978-7-121-43987-2

Ⅰ．①通… Ⅱ．①安… ②李… Ⅲ．①印刷电路板（材料）－评估方法 Ⅳ．①TM215

中国版本图书馆CIP数据核字（2022）第127826号

责任编辑：柴 燕 文字编辑：宋 梅
印　　刷：天津千鹤文化传播有限公司
装　　订：天津千鹤文化传播有限公司
出版发行：电子工业出版社
　　　　　北京市海淀区万寿路173信箱　　邮编　100036
开　　本：787×980　1/16　印张：12.75　字数：294千字
版　　次：2022 年 7 月第 1 版
印　　次：2022 年 9 月第 2 次印刷
定　　价：99.00元

凡所购买电子工业出版社图书有缺损问题，请向购买书店调换。若书店售缺，请与本社发行部联系，联系及邮购电话：（010）88254888，88258888。
质量投诉请发邮件至 zlts@phei.com.cn，盗版侵权举报请发邮件至 dbqq@phei.com.cn。
本书咨询联系方式：chaiy@phei.com.cn。

序 言 1

2022 年 2 月 4 日晚，北京冬奥会开幕式举世瞩目，盛会使用了数字表演与仿真技术，综合运用人工智能、5G、AR、裸眼 3D 等多种科技成果。据悉，开幕式期间国家体育场内实现 5G 网络全覆盖，打造 5G 千兆场馆，高效支持开幕式当晚国家体育场内近 4 万人使用移动通信网络，通过社交媒体、直播等方式传递北京冬奥盛况。作为电子电路行业从业者，在为祖国强大感到高兴之余，也为所从事的行业感到自豪。因为，作为"电子产品之母"的印制电路板正是当前 5G 通信技术的重要支撑。中兴通讯安维先生邀请我为他的新书作序，新书涉及通信印制电路板产品，所以我欣然接受。

印制电路板作为电子基础元器件，需求量大，使用面广，应用领域涵盖通信、工控、消费电子、汽车电子、航空航天等诸多领域。就通信领域而言，印制电路板作为信号传输的载体，其信号完整性对通信系统电气性能的影响越来越突出，影响因素包括生产材料、加工工艺、过程管控等。PCB 厂家在选择板材时，除了要选择达到客户要求的信号损耗标准的板材，还需能得到更优的性价比，因此，对关键材料的评估就显得尤为重要，而系统性的评估方案已成为企业生产过程中的重要课题。

安维先生深耕通信行业多年，一直专注 PCB 技术研究和质量管理，拥有深厚的理论背景，同时又拥有丰富的实践经验，此次他将多年的工作经验萃取提炼，汇集成册。本书内容涵盖通信产品的特性、关键材料和关键工序的评估测试，以及先进的加工工艺与过程管控，并辅以翔实的质量案例，从多维度介绍了如何生产出高质量、高可靠性的印制电路板产品，同时给出了大量的实验数据和实用的图表，内容论证分析扎实，结构清晰，易于理解，相信必将成为一本非常实用的工具书。

"工欲善其事，必先利其器。"安维先生用他的经验为我们铸造了一本利器，相信一定会给业界同人带来帮助。作为电子电路行业发展的见证者和参与者，我对安维先生表达最诚挚的感谢，希望更多的行业专家参与到知识分享的行列中，为我国 PCB 行业的发展贡献力量。

中国电子电路行业协会秘书长
2022 年 2 月于上海

PCB 行业又进入了新的黄金时期，尤其是以"端、管、云"为基础的产业蓬勃发展，为 PCB 行业带来了巨大契机。中兴通讯作为"端、管、云"世界级先进技术企业之一，正在为国家和世界做出自己的特殊贡献。支撑中兴通讯成长的因素自然很多，PCB 技术团队的努力就是其中重要的一环。

中兴通讯的 PCB 技术团队长期聚焦于 PCB 供应链建设，在技术、工艺、品质、成本等方面，积累了大量极有价值的经验，并于 2021 年对通信产品 PCB 的基础知识及其应用做了系统总结，出版了《通信产品 PCB 基础知识及其应用》一书。此书一经出版，我就仔细地通读了一遍。安维、曾福林两位专家将多年的宝贵经验汇集整理成书，填补了 PCB 图书市场不少空白，为 PCB 从业者提供了比较系统的具有巨大实践指导价值的专业知识和方法论。我对他们为 PCB 行业发展贡献自己智慧的努力深为感动。更令人感动的是，中兴通讯 PCB 专家安维、李冀星的专著《通信产品 PCB 关键材料通用评估方法》一书也要付梓出版。我非常高兴能先睹为快，并应邀为该书作序。

首先要感谢作者的笔耕不辍，继续为 PCB 行业提供前进的食粮。中国 PCB 行业已进入高速发展的快车道，可谓一日千里，但系统、全面、专业地总结快速发展的实践过程，总结 PCB 技术不断创新的过程，总结 PCB 供应链不断完善的过程，基本尚属空白。

《通信产品 PCB 关键材料通用评估方法》从关键原材料基板认证、阻焊油墨测试到涂层钻刀、铣刀的应用，都有专业而又简明的阐述，尤其是对高频高速 PCB 的特性及高频高速材料影响因素的总结，更是细致、规范、系统，对正在蓬勃发展的以"端、管、云"为主体应用的 PCB 企业和广大技术人员具有极大的应用和参考价值。

中国的 PCB 行业正快速地做大做强，一大批优秀的企业显示了巨大的创造力，为未来 PCB 行业展示了可想象的发展空间。在这一伟大的实践过程中，我们不但要有业绩上的硕果累累，更要从理论上系统总结出具有鲜明中国 PCB 时代的管理创新、工艺创新及技术创新等各方面的经验，作为时代记忆，成为推动中国 PCB 时代走向高峰的指引。

好的开始等于成功的一半。相信安维、李冀星两位专家给大家带来的不仅仅是一本专著，还是一个时代的召唤。

崇达技术股份有限公司董事长、深圳市线路板行业协会会长
2022 年 2 月于深圳

中国经过四十余年的改革开放，已经变得越来越强盛，特别是通信行业，在世界上有着举足轻重的作用，令世人刮目相看。中兴通讯作为中国通信行业的佼佼者，在中国信息化、现代化道路上的贡献有目共睹，特别是在推动 PCB 行业高质量发展方面起到了重要的引领作用。

PCB 作为通信设备中的重要材料之一，其技术水平及可靠性对通信设备的技术稳定性和设备可靠性，有着直接的影响。特别是随着集成电路行业的快速发展，通信设备的性能大幅提升，但其电子组件的体积却在日渐缩小，这对 PCB 的走线密度、结构形式和制造工艺提出了不小的挑战。5G 时代的到来，又使传输速率、频率、延迟及连接密度有了大幅提升，对 PCB 制造的设备精度、材料特性及加工要求提出了更高要求。因此，怎样使设备最优化，怎样优选合适的材料，怎样提高可靠性、提高效率和降低成本，这些问题的解决就显得至关重要。

本书作者在通信行业工作多年，对通信行业的技术发展脉络有清晰的认识，同时，作者负责 PCB 技术及可靠性研究，通过长期的探索、归纳和总结，积累了丰富的 PCB 专业知识。

本次撰写的《通信产品 PCB 关键材料通用评估方法》就是作者在大量的实践过程中总结出的精华，从通信设备的特殊要求出发，分别就原材料的测试评估、PCB 的表面处理、高频高速 PCB 特性要求、高频高速材料对 PCB 插损的影响、PCB 加工工艺的提升改造以及 PCB 制造过程中的原辅材料的改进等，做了比较详细的介绍。作者汇总提炼的这些技术精华，都是 PCB 行业中比较新的技术方向和评估方法，值得 PCB 行业的技术人员认真研读。

中国 PCB 行业的规模已经比较大了，但是还不够强，特别是在高端 PCB 领域占比不够，在 PCB 工艺技术与生产管理、PCB 精密设备、高端材料研发以及环保控制等领域，还需要持续提升。衷心希望中兴通讯携手产业链上下游合作伙伴，共同投身于中国电子行业由大变强的洪流中，共同致力于 PCB 工艺技术的提升、生产过程的智能制造以及设备材料的创新，共同见证中国 PCB 行业更加辉煌的未来！

奥士康科技股份有限公司董事长、湖南省电子电路行业协会会长

2022 年 2 月于益阳

前 言

　　如何评估 PCB 关键材料是否满足实际产品的应用要求？对新物料的评估从哪些方面进行才能体现物料的综合价值（成本和质量等）？关于这些问题本身有很多专业的理论，但是很少看到从实际应用的实践经验中系统性总结的方法论以及通俗易懂的案例。

　　笔者结合个人在电子电路行业十余年的从业经验，秉承让每一位 PCB 技术人员和采购人员能够获取拿来就可用的理论和实践方法，编写此书。笔者希望能够为 PCB 从业人员提供专业、可行的 PCB 关键材料评估方法，填补市场空白。

　　目前有关 PCB 的书籍，要么是关于 PCB 原始设计的，要么是关于 PCB 失效分析的，要么是介绍 PCB 生产制造的，主要面对 PCB 生产端的设计人员、质量相关人员和生产工艺人员，很少有内容涉及 PCB 关键材料评估的书籍，即便偶尔涉及，也不能直接应用于实际的物料采购技术评估。在笔者从业期间，在与 PCB 制造厂家和 PCB 终端客户沟通时也时常发现，很多制造厂家缺乏专业的材料技术人员，本身就希望能够获得专业的材料技术评估方法；有些厂家自己有系统性的评估方法，但要么不愿意公开共享，要么是方法没有考虑到实际终端应用需求，评估方法不健全。但 PCB 关键材料对 PCB 的质量保证至关重要，很多质量问题的发生也与此相关，同时也对最终 PCB 成本有巨大的影响，所以 PCB 关键材料系统性评价方法就显得极为重要。所幸笔者所在的中兴通讯公司是国内最大的通信设备上市公司，有专业的 PCB 管理团队，在日常工作中会进行大量的 PCB 关键材料成本和性能评估，同时与 PCB 行业龙头企业间技术交流频繁，所以笔者就一直想着把这些经验汇集成册，与大家分享、交流，让大家深入了解并拥有系统性的 PCB 关键材料评估方法和评估思维。

　　本书结合终端客户 PCB 关键材料评估方法和行业主流 PCB 厂家关键材料评估体系，从实际应用角度出发，对板材、表面处理、关键药水和典型的案例进行分析说明，旨在向读者呈现 PCB 关键材料技术评估的系统性方法，对于 PCB 制造厂家以及采购 PCB 的终端客户有一定的实践指导意义。

本书凝聚了中兴通讯多年的 PCB 材料管理经验，希望通过大量的实际案例，让读者深入了解终端客户对于 PCB 关键材料系统性的评估方法。

本书是"电子元器件失效分析技术丛书"中的一册，编著者安维和李冀星具有多年 PCB 专业从业经验。

在本书的编写过程中，得到了中国电子电路行业协会秘书长洪芳女士，崇达技术股份有限公司董事长、深圳市线路板行业协会会长姜雪飞先生，奥士康科技股份有限公司董事长、湖南省电子电路行业协会会长程涌先生的大力支持，他们还在百忙之中为本书作序，实令笔者感到无比荣幸。

本书由中兴通讯股份有限公司材料中心主任王志坚审校，在编写过程中，得到了公司采购部主任张敬鑫等各级领导给予的支持与关注，还得到了曾福林、王峰、赵丽、张水琴和魏新启等同事的协助和对书稿的校阅支持，在此向他们表示由衷的感谢。感谢江西博泉化学有限公司舒平先生、深圳市贝加电子材料有限公司李荣先生、深圳市瑞利泰德精密涂层有限公司林东先生、深南电路股份有限公司王宾先生、熊伟先生以及崇达技术股份有限公司王东先生提供的帮助。感谢电子工业出版社宋梅编审对本书编写与出版的支持和帮助。

由于作者水平有限，书中难免有不妥和错误之处，恳请读者批评指正。

编著者

2022 年 2 月于深圳

目　录

第 1 章　关键原材料测试评估

1.1　板材认证测试方案

覆铜板（CCL）作为 PCB 制造中的基板材料，简称板材，对 PCB 主要起互连导通、绝缘和支撑的作用，对电路中信号的传输速度、能量损失、特性阻抗等有很大的影响，PCB 的性能、品质、制造中的加工性、制造水平、制造成本以及长期的可靠性、稳定性等在很大程度上取决于板材，因此，对板材的认证，无论对 PCB 加工厂家还是终端客户来说都是至关重要的。

印制电路板板材认证测试一般分为安全性测试和常规测试。板材安全性测试可以采用 UL 认证结果，其认证标准按 UL-746E 进行，一般要求待验证的板材必须已经获得 UL 认证。常规测试项目分为覆铜板（CCL）项测试和成品板（PCB）项测试，在进行板材选用时，相关工程师应结合覆铜板（CCL）项测试和成品板（PCB）项测试结果，综合判断板材是否满足要求。

1.1.1　覆铜板（CCL）项测试

对于覆铜板来讲，关键是要考察介电常数（Dk）/介质损耗（Df），这对于 PCB 的叠层设计非常关键。介电强度对板材的耐压能力而言是重要的考察项目，尤其是对电源板来讲。T_g、CTE 和剥离强度等参数对板材的可靠性至关重要，也需要重点考量。详细的覆铜板（CCL）项测试要求如表 1.1 所示。

1.1.2　成品板（PCB）项测试

单单衡量覆铜板的介电性能是无法准确衡量板材性能好与坏的，必须根据实际应用的场景做成成品板（PCB）后，考察 PCB 插损、耐热、耐 CAF 等各项长期可靠性项目。成品板（PCB）项测试要求如表 1.2 所示。

表 1.1　覆铜板（CCL）项测试要求

序号	测试项目		测试标准	备注
1	介电常数（Dk）/介质损耗（Df）	Dk/Df 常温测试	SPDR 谐振腔法	环境温度为 23 ℃ ±2 ℃，湿度为 55%RH±5%RH，测试 1 GHz、3 GHz、5 GHz、10 GHz、15 GHz 下的 Dk/Df
		Dk/Df 温漂测试	SPDR 谐振腔法	温度设定点为 -55 ℃、-25 ℃、0 ℃、25 ℃、50 ℃、85 ℃，测试 10 GHz 下的 Dk/Df
		Dk/Df 湿漂测试	SPDR 谐振腔法	温湿度条件为 85 ℃、85%RH，连续处理 20 天，每隔 24 h+0.1/−0 h，测试 10 GHz 下的 Dk/Df
2	介电强度		IPC-TM-650 2.5.6.2	建议合格值：介电强度 > 30 kV/mm
3	表面电阻率		IPC-TM-650 2.5.17.1	建议合格值：表面电阻率 > 1×10^4 MΩ·cm
4	体积电阻率		IPC-TM-650 2.5.17.1	建议合格值：体积电阻率 > 1×10^6 MΩ·cm（耐湿后）
5	吸水率		IPC-TM-650 2.6.2.1	建议合格值：一般要求板材吸水率 < 0.5%
6	T_g	玻璃化转变温度	IPC-TM-650 2.4.24	建议合格值：中 T_g 材料 ≥ 150 ℃，高 T_g 材料 ≥ 170 ℃。
7	T_d	裂解温度	ASTM D3850	—
8	CTE（X/Y/Z）	热膨胀系数	IPC-TM-650 2.4.41	—
9	Z-PTE（50 ~ 260 ℃）	Z 轴膨胀百分比（50 ~ 260 ℃）	IPC-TM-650 2.4.41	建议合格值：50 ~ 260 ℃，PTE ≤ 3.5%
10	T260/T288/T300	耐热裂时间	IPC-TM-650 2.4.24.1	建议合格值：T260 > 60 min、T288 > 15 min、T300 > 5 min
11	剥离强度（1 oz 铜箔厚度）		IPC-TM-650 2.4.8c	建议合格值：≥ 1.1 N/mm
12	CTI	相对漏电起痕指数	ASTM D3638	—
13	层压板的弯曲强度（室温下）		IPC-TM-650 2.4.4	无卤板材必须测试，其他类型板材不测此项
14	卤素含量测试		IPC-TM-650 2.3.41	无卤板材必须测试，其他类型板材不测此项

注释：1 oz=35μm。

表 1.2　成品板（PCB）项测试要求

序号	测试项目		测试仪器与标准	备注
1	PCB 插损测试	常温各频点插损测试	测试仪器：矢量网络分析仪、高低温实验箱、恒温恒湿箱、TDR	环境温度为 23 ℃ ±2 ℃，湿度为 55%RH±5%RH，测试 1 GHz、3 GHz、5 GHz、10 GHz、15 GHz 下的插损
		温漂插损测试		温度设定点为 -55 ℃、-25 ℃、0 ℃、25 ℃、50 ℃、85 ℃，在 10 GHz 下，对样品线路进行插损测试
		高温高湿插损测试		温湿度条件为 85 ℃、85%RH，连续处理 20 天，每隔 24 h+0.1/−0 h，在 10 GHz 下，对样品线路进行插损测试
		铜箔插损测试		测试不同粗糙度的铜箔在 1 GHz、3 GHz、5 GHz、10 GHz、15 GHz 下的插损

序号	测试项目	测试仪器与标准	备注
2	层压板 ΔT_g	IPC-TM-650 2.4.25	建议合格值：$\Delta T_g < 5℃$（DSC）。
3	回流焊接	5×245℃ 回流焊接； 5×260℃ 回流焊接	建议合格值：用于通信系统产品的板材要求 0.8 mm Pitch 密集孔区通过回流焊接测试；用于消费类终端产品的板材要求 0.5 mm Pitch 密集孔区通过回流焊接测试
4	层压板的弯曲强度（室温下）	IPC-TM-650 2.4.4	前处理条件为260℃，5 次回流焊接
5	覆金属箔板的剥离强度	IPC-TM-650 2.4.8c	前处理条件为260℃，5 次回流焊接；建议合格值：$\geqslant 1.1$ N/mm
6	印制线路材料的介质耐电压	IPC-TM-650 2.5.7	前处理条件为260℃，5 次回流焊接
7	印制电路板温度循环	IPC-TM-650 2.6.6（Class A）	建议合格值：用于通信系统产品的板材要求通过 500 次循环；用于消费类终端产品的板材要求通过 250 次循环
8	热应力（热冲击测试，镀通孔）	IPC-TM-650 2.6.8（测试温度为288℃）	建议合格值：用于通信系统产品的板材要求 0.8 mm Pitch 密集孔区通过热应力测试；用于消费类终端产品的板材要求 0.5 mm Pitch 密集孔区通过热应力测试
9	印制电路板耐潮湿与绝缘电阻	IPC-TM-650 2.6.3	建议合格值：绝缘电阻在接收态 $\geqslant 500$ MΩ（$5×10^8 \Omega$），湿热实验后 $\geqslant 100$ MΩ（$1×10^8 \Omega$）
10	阳极玻璃纤维漏电（CAF）	85℃ / 85%RH / 15 VDC / 1000 h	建议合格值：失效点在 500 h 后
11	互连应力测试（IST）	3 min 加热到150℃，2 min 降温到室温，以此为 1 次循环测试	建议合格值：$\geqslant 300$ 次循环

1.2 阻焊油墨测试方案

1.2.1 阻焊介绍

阻焊油墨在 PCB 上起到防止线路被氧化、保护线路和防止焊接短路的作用，这就需要阻焊油墨有良好的基本性能，如附着力、硬度、耐酸碱腐蚀、耐热、绝缘等，而且还需要易加工，不能与板厂加工工艺、药水相冲突，在组装时还需要与助焊剂兼容，要有良好的耐热可靠性。因此，需要对阻焊油墨的基本性能、加工工艺能力、与助焊剂的兼容可靠性进行评估。

1.2.2 测试板设计

该测试要考虑不同表面处理工艺的兼容性，因此涉及常见的表面处理工艺。选择厚度为 3 mm 的板就可以满足常见的应用场景。测试板关键参数如表 1.3 所示。

表 1.3　测试板关键参数

项目	要求	项目	要求
PCB 层数	4 层	基铜厚度	表层内层 1 oz
叠层结构	通孔	单板厚度	3 mm
材料类型	FR-4	表面处理	沉金、沉锡、沉银、镀金
PCB 尺寸	100 mm × 150 mm		

注释：1 oz=35μm。

阻焊测试模块的设计主要考虑附着力、耐热能力、与助焊剂及各种表面处理工艺的兼容性。阻焊测试模块如图 1.1 所示，其中模块一为 IPC-B-25A 的标准测试片；模块四为 102 mm × 102 mm 铜面，覆盖阻焊油墨，目的是测试水解稳定性；模块五大小为 60 mm × 60 mm，其上铜被蚀刻掉，板材覆盖阻焊油墨，目的是进行霉菌实验。

1.2.3 阻焊油墨基本性能测试

阻焊油墨的基本性能测试主要包括从实际应用角度考察热冲击、水解稳定性、霉菌测试及阻燃测试等项目，详细测试项目如表 1.4 所示。

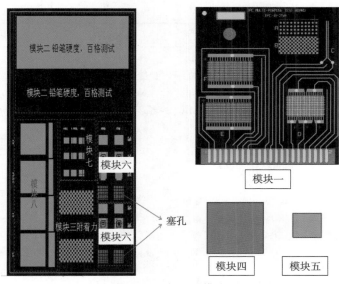

图 1.1　阻焊测试模块

表 1.4　阻焊油墨的基本性能测试项目

序号	测试项目	测试目的	测试方法	判断标准	测试模块	参考标准
1	热冲击测试	油墨抵抗冷热交替的能力	预处理：热应力测试，锡炉 288℃，10 s；高低温测试：-65℃/15 min～125℃/15 min，转换时间为 10 s，250 次循环	油墨外观无变色、起泡、起皮、空洞、脱离、龟裂、分层等缺陷	模块一、模块六、模块七、模块八	IPC-TM-650 2.6.7.3/IPC-SM-840D 3.9.3
2	水解稳定性测试	潮湿环境下，油墨稳定性	85℃，94%RH，实验 168 h（7 天）	① 无软化、粉化、起泡、裂纹等外观缺陷；② 用棉签擦板面，棉线不能粘到油墨上	模块一、模块六、模块七、模块八、模块四	IPC-TM-650 2.6.11
3	老化测试	高温高湿加速老化能力	5 次回流焊接，双 85（85℃/85%RH）老化 240 h；加严测试条件：120℃，85%RH，250 h	无发白、起泡、分层、起皮、破裂等异常	模块一、模块六、模块七、模块八	JESD22-A110-B
4	霉菌测试	抗霉菌生长能力	最小 50mm×50mm，如覆有铜箔，应用标准方法蚀刻除去	无霉菌或油墨不适应霉菌生长	模块五	IPC-TM-650 2.6.1
5	阻燃测试	阻燃能力	提供测试报告	通过 UL94V-0 认证	—	IPC-SM-840 3.6.3.2

序号	测试项目	测试目的	测试方法	判断标准	测试模块	参考标准
6	电化学迁移测试	电气绝缘能力	双 85（85℃/85%RH），前处理 96 h，测试 500 h，施加 10 V DC 偏置电压，绝缘电阻测试电压为 100 V DC	绝缘电阻下降小于 1 个数量级，无明显电迁移现象	模块一 D 图形	IPC-TM-650 2.6.14.1
7	绝缘电阻测试	潮湿环境下电气绝缘能力	常态：50℃ 干燥 24 h，100 V 测试电压；耐焊接热后：在 121℃～149℃ 下烘烤 6 h，锡炉 288℃ 10 s，100 V 测试电压；湿热状态下：50℃ 烘烤 24 h，双 85（85℃/85%RH）测试 240 h，50 V 偏置电压，测试电压 50 V DC	电阻≥500 MΩ	模块一 C 图形的 Y 形测试线	IPC-TM-650 2.6.3.1
8	CAF 测试	电迁移情况	85℃/85%RH，无偏压处理 96 h，然后加 50 V 偏压，240 h，测试电压 50 V	电阻≥$1.0 \times 10^8 \Omega$	模块一的 E、F 位置	IPC-TM-650 2.6.14
9	介电强度测试	介电强度	测试击穿电压，击穿电压除以阻焊膜厚得到介电强度	介电强度≥500 V/25 μm	—	IPC-SM-840 3.8.1 IPC-TM-650 2.5.6.1

1.2.4　阻焊油墨加工工艺能力测试

阻焊油墨加工工艺能力测试主要从 PCB 可生产性的角度考察侧蚀（Undercut）、附着力、与各种表面处理工艺的兼容性等。阻焊油墨加工工艺能力测试项目如表 1.5 所示。

表 1.5　阻焊油墨加工工艺能力测试项目

序号	测试项目	测试方法	判断标准	测试模块	样品数量	参考标准
1	外观及颜色	目检（1.75X～10X 放大率的放大镜）	颜色/厚度应当均匀一致，无异物、裂缝、杂物、剥离等表面异常	全板	—	IPC-SM-840 3.3.1

续表

序号	测试项目	测试方法	判断标准	测试模块	样品数量	参考标准
2	铅笔硬度	铅笔与防焊面紧密接触，用均匀力以 45° 角划一 6.4 mm 划痕	不可划进阻焊油墨，也没有划槽。 铅笔：5H 以上	模块二	—	IPC-TM-650 2.4.27.2
3	附着力强度	最少 50 mm 3M 600 胶带，挤走气泡，接近垂直板面反向扯起，相同区域测试三次，胶带只用一次	阻焊油墨不能从基板或裸金属导体上剥离、开裂或分层	模块六、模块七、模块八	5	IPC-TM-650 2.4.28.1
4	耐溶剂及清洗剂	经过对应药水浸泡，取出试样在室温下放置 10 min 后，观察阻焊油墨	应该无变色、起泡、脱落、溶解、龟裂等异常现象	模块六、模块七、模块八	2	IPC-SM-840 3.6.1.1
5	热应力	5 次无铅回流焊接，288 ℃ +/-5℃，10 s，5 次	阻焊油墨无分层、起泡、白斑、脱落、空洞等现象	模块六、模块七、模块八	5	IPC-TM-650 2.6.8
6	阻焊覆盖能力	百格、胶带、切片	满足厚度、附着力、覆盖性等要求，给出此时阻焊油墨所能覆盖的线宽 / 线距	模块八	5	IPC-TM-650 2.4.28
7	阻焊桥能力	经表面处理后用 3M 胶带测试无阻焊油墨脱落的最小绿油桥	满足厚度、附着力、覆盖性等要求的情况下，阻焊油墨所能制作的最小阻焊桥	模块七	5	IPC-TM-650 2.4.28
8	侧蚀	切片分析	≤ 25 μm	模块七	5	IPC-TM-650 2.1.1
9	阻焊塞孔能力	切片分析	① 全塞孔：塞孔深度≥70%，孔口不允许开裂或者露铜。 ② 半塞孔：塞孔深度≥30%，且不允许透光。 ③ 有空洞或裂纹。 ④ 有空洞或裂纹但未导致露铜。 ⑤ 有空洞或裂纹导致露铜但未延伸至孔口	模块六	5	IPC-SM-840 3.5.2.3
10	阻焊厚度	切片分析	① 线面上的阻焊厚度≥10 μm。 ② NSMD 附近的阻焊厚度不高于焊盘的 35 μm。 ③ SMD 焊盘上的阻焊厚度≤35 μm。 ④ 阻焊塞孔和树脂塞孔，其孔环上的阻焊厚度≤50 μm。 ⑤ 线角阻焊厚度≥5 μm	模块六、模块七、模块八	5	IPC-SM-840 3.4.1《通信产品企业标准要求》
11	前处理兼容性	经前处理后用 3M 胶带进行测试	板面无刮伤、刮痕，3M 胶带拉扯后不掉油、脱落现象	模块六、模块七、模块八	5	IPC-SM-840 3.6.1

续表

序号	测试项目	测试方法	判断标准	测试模块	样品数量	参考标准
12	表面处理兼容性	经表面处理后用 3M 胶带进行测试	板面无掉油、起泡或成块脱落现象	模块六、模块七、模块八	5	IPC-SM-840 3.6.1
13	UV 后烘烤测试	过 1100mj UV 机	油墨无烧焦、起泡、变色等现象	整板	5	IPC-TM-650 2.3.23.1
14	机械可加工性	过钻孔、铣板及其他机械加工	过钻孔、铣板及其他机械加工后，阻焊层不能有裂纹、裂缝、破碎等现象	整板	5	IPC-TM-650 2.4.7

1.2.5　阻焊油墨与助焊剂的兼容可靠性测试

对 PCB 进行 3 次回流焊接，然后用 3M 胶带测试阻焊附着力；接着进行波峰焊接，再用 3M 胶带测试阻焊附着力。阻焊油墨与助焊剂兼容测试流程如图 1.2 所示。

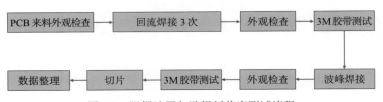

图 1.2　阻焊油墨与助焊剂兼容测试流程

波峰焊接选择常用的具有代表性的两款型号助焊剂进行测试：Alpha EF-8000 和维特偶 GW 968B，在进行波峰焊接时两种助焊剂需要分开测试，测试方案如表 1.6 所示。

表 1.6　测试方案

项目	助焊剂	测试方法	判断标准	参考标准
回流焊接	—	双 85，168 h 老化，过回流焊接炉 3 次，峰值温度为 260℃	防焊膜无发黄、变色、起泡、剥离、裂纹、皱纹等	IPC-TM-650 2.6.8
波峰焊接	EF-8000	采用两种助焊剂分别进行波峰焊接	油墨无变色、起泡、脱落、腐蚀、上锡等外观缺陷	IPC-TM-650 2.6.8
	GW 968B			
切片	EF8000	—	切片无裂纹、气泡	IPC-TM-650 2.1.1
	GW 968B			

第 2 章　表面处理测试评估

2.1　OSP 测试方案

OSP：Organic Solderability Preservative，有机保焊剂，有机可焊性保护层，有机涂覆，业界常称其为护铜剂、抗氧化剂等。在 PCB 生产工艺中，OSP 工艺是为了保持焊点铜面具有良好的可焊性能而采用的一种表面处理工艺，具有可焊性好、焊盘表面平整、与无铅焊兼容、成本优势明显等优点。在应用方面，OSP 工艺在电子产品中具有广泛的应用，在通信产品中有一定比例的应用。特别是在对服务器、固网产品进行对标分析时，业界主流的表面处理工艺已切换为 OSP 工艺。

虽然 OSP 工艺优势明显，但由于其特性，在实际应用中也存在着对生产条件要求严格、存储期限短、耐热性一般等限制因素。另外，基于当前 PCB 实际生产应用的现状，不可避免地存在个别产品超存储期的情况，且一般 PCB 均需经过两次回流焊接和一次插件波峰焊接三次高温，这些都对 OSP 的应用产生了一定影响。本书针对限制 OSP 工艺使用的储存期限、耐焊接次数、生产管控时间，以及产品可靠性等因素进行讨论，并结合实际生产应用现状以及设计特点，阐述推行 OSP 工艺的可行性。

2.1.1　测试板设计

测试板主要考察贴片元器件和插件器件的焊接能力，同时要关注压接器件的老化电阻变化率，测试板关键参数如表 2.1 所示。

表 2.1　测试板关键参数

PCB 层数	10	叠层结构	通孔
材料类型	FR-4	PCB 尺寸	200 mm × 300 mm

表面处理方式	OSP	单板厚度	2.4 mm
基铜厚度	表层：0.5 oz；内层：2 层电源层——2 oz，6 层接地层——1.0 oz		
测试模块	① 贴片元器件：包括 0.5BGA、0.4QFN、0201Chip 器件等，用于考察密脚间距焊盘回流焊接焊盘润湿能力。 ② 插件器件：验证两次回流焊接后，DC-DC 电源模块、288 pin DDR4 DIMM 内存插座、8 芯 4.2 mm 间距 ATX 直式电源连接器等插件器件孔的透锡能力。 ③ 压接器件：验证压接器件老化实验后连接电阻的变化		

注释：1 oz=35μm。

测试板实物图如图 2.1 所示，在实物单板左右两边各布放一个电源模块，引脚铜皮连接见图 2.1，图中 M1、M2 内层连接方式相同。

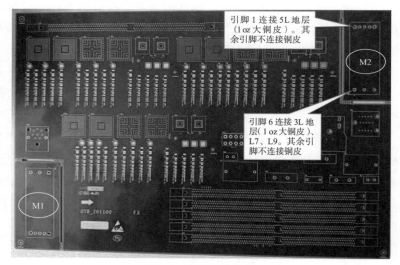

引脚 1 连接 5L 地层（1oz 大铜皮）。其余引脚不连接铜皮

引脚 6 连接 3L 地层（1oz 大铜皮）、L7、L9。其余引脚不连接铜皮

图 2.1　测试板实物图

注释：1 oz=35μm。

2.1.2　实验与测试安排

1. 实验流程

实验主要考察存储时间和不同生产管控时间对焊接的影响。老化条件为 40℃，90%RH，96 h/192 h/288 h，进行高温高湿老化实验，模拟长期存储（6 个月 /12 个月 /18 个月）；两次回流焊接的时间间隔分别 24 h/48 h/72 h，模拟不同生产场景贴片器件的可焊性；回流焊接到

波峰焊接的时间间隔分别为 24 h/48 h/72 h，模拟不同生产场景插件器件的可焊性，实验流程如图 2.2 所示。

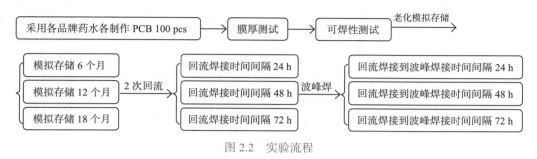

图 2.2　实验流程

2. DOE 实验方案

按照图 2.2 的实验流程，根据不同的生产要素进行排列组合，按照表 2.2 所示测试方案进行测试。

表 2.2　测试方案

实验序号	储存期			2 次回流焊接时间间隔	回流焊接到波峰时间间隔
1	模拟存储 6 个月，老化条件：40℃，90%RH，96 h	模拟存储 12 个月，老化条件：40℃，90%RH，192 h	模拟存储 18 个月，老化条件：40℃，90%RH，288 h	24 h	24 h
2				24 h	48 h
3				24 h	72 h
4				48 h	24 h
5				48 h	48 h
6				72 h	24 h
7	不同助焊剂对比验证（水基助焊剂、醇基助焊剂）				
8	不同焊接条件对比验证（调整链速）				

2.1.3　测试项目与标准

测试主要考虑 OSP 的膜厚、存储条件和生产时间对焊接的影响，详细测试项目与标准如表 2.3 所示。

表 2.3 测试项目与标准

序号	测试项目	测试说明	标准	测试目的
1	微蚀量测试	① 微蚀后 SEM（3000 倍、5000 倍形貌）。 ② 微蚀量。 ③ 铜面粗糙度 R_a、R_z	—	考察微蚀机理及微蚀对 OSP 膜的影响
2	膜厚检验	取 30 mm×50 mm 单面覆铜板过 OSP 生产线后取出，将此试样置于 250 mL 的洁净烧杯中，移取 25 mL 5% 的 HCl 溶液于烧杯中，轻轻搅拌 3 min 后取出；将 UV 紫外光谱仪波长调至 269 nm，测此溶液的吸光值 A（用 5% 的 HCl 溶液调零），膜厚 $=A×0.55$ μm	膜厚 0.2～0.6 μm	收集不同 OSP 药水膜厚数据（可裁剪）
3	漂锡可焊性测试	① 将试片完全浸入装有助焊剂的容器里，取出后至晾干。 ② 在 235±5℃ 的锡炉内漂锡 5 s 后取出，观察表面润湿面积至少 95%，其余 5% 表面只允许出现小针孔、缩锡、粗粒状等轻微缺陷，且不可集中于一个区域，所有镀覆孔中焊料已完全攀升	可焊面完全上锡（至少 95%），通孔上锡正常，状况良好	初步确认可焊性情况
4	老化模拟存储 6/12/18 个月	① 存储条件：40℃，90%RH，96 h/192 h/288 h。 ② 可焊性测试：测试方法同上	验证标准同上	验证存储期（6 个月）内、超期 1 年时，可焊性变化
5	回流焊接 2 次（串行实验，样品为上一实验样品）	① 开包到完成第一次回流焊接时间需控制在 12 h 之内。 ② 从印锡膏到开始回流焊接时间需控制在 4 h 之内。 ③ 先对 B 面进行回流焊接，然后再对 A 面进行回流焊接。 ④ 3 个 pitch 的 QFN 贴片，其余器件不贴。 ⑤ 两次回流焊接的时间间隔分别为 24 h、48 h、72 h。 ⑥ 观察焊盘润湿上锡情况。 ⑦ 温度曲线由生产工艺工程师给出	可焊面完全（至少 95%）上锡，密脚芯片上锡良好	验证两次回流焊接的时间间隔对可焊性的影响
6	波峰焊接（串行实验，样品为上一实验样品）	① 制作掩模。 ② 回流焊接到波峰焊接时间间隔分别为 24 h、48 h、72 h。 ③ 插件。 ④ 助焊剂喷涂。 ⑤ 掩模波峰焊接。 ⑥ 温度曲线由生产工艺工程师给出	IPC-A-610（2 级）	验证从回流焊接到波峰焊接之间的时间间隔对插件波峰焊接的影响
7	不同助焊剂（样品选择完成实验 4 后的样品）	① 选择水基和醇基两种助焊剂做对比验证。 ② 可焊性测试：测试方法同上	IPC-A-610（2 级）	验证不同助焊剂对插件波峰焊接的影响

2.2　化镍金测试方案

2.2.1　化镍金介绍

ENIG：Electroless Nickel Immersion Gold，化学镍金，化镍金、沉镍金或者无电镍金。ENIG 是通过化学反应，在铜的表面置换钯，再在钯核的基础上化学镀上一层镍磷合金层，然后通过置换反应在镍的表面镀上一层金，简称沉金。ENIG 主要用于电路板的表面处理，用来防止电路板表面的铜被氧化或腐蚀，并且用于焊接，是一种非常重要且常用的无铅表面处理工艺。

2.2.2　测试板设计

化镍金测试的目的主要是考察化镍金的可焊性和可靠性，所以选用常见的通孔板设计即可，板厚选择 3 mm 即可满足绝大多数应用场景，测试板关键参数如表 2.4 所示。

表 2.4　测试板关键参数

PCB 层数	8
叠层结构	通孔
材料类型	FR-4
PCB 尺寸	200 mm × 300 mm
基铜厚度	表层：0.5 oz，内层：1.0 oz
单板厚度	3.0 mm

注释：1 oz=35μm。

重点对以下问题进行研究、验证：

① 各品牌药水制备的 PCB 焊接润湿性、透锡率、可靠性等性能的比较，特别是密脚芯片的润湿性、高厚径比孔透锡率等性能的比较。

② 镍缸不同的金属置换周期（MTO）对化镍金表面镀层性能的影响。

③ 化镍金工艺镍腐蚀（黑盘）、磷含量、跳镀、漏镀等问题。

为了达到上述目的，需要设计专用测试板，测试板光绘图如图 2.3 所示，测试板各测试模块详细说明如表 2.5 所示。

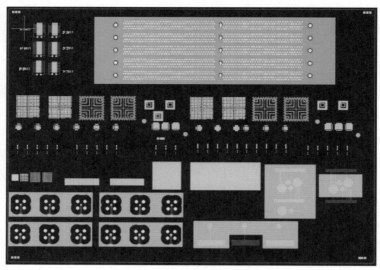

图 2.3　测试板光绘图

表 2.5　测试板各测试模块详细说明

序号	模块	描述
1	QFN：0.65pitch、0.5pitch、0.4pitch BGA：0.8pitch、0.65pitch、0.5pitch chip：0402、0201	密脚间距焊盘可焊性（焊盘润湿情况）
2	288 pin DDR4 DIMM 内存插座模块，孔径分别为 0.15 mm、0.2 mm、0.25 mm、0.3 mm	波峰焊接透锡测试
3	1.5 mm×1.5 mm PAD，测量化镍金厚度，放在板子的四角和中心	化镍金厚度均匀性测试
4	7 mm　4 mm　1 mm　0.7 mm　0.4 mm　0.3 mm　0.2 mm　0.1 mm	大小焊盘化镍金厚度测试

序号	模块	描述
5		特定器件在不同孔环大小的情况下的焊接强度测试
6		漏镀及掩蔽效应测试：测试在不同连接情况下，在盖绿油和不盖绿油的情况下，小焊盘是否会因电子迁移而发生漏镀的情况
7		活性测试，线宽线距：8 mil/8 mil、7 mil/7 mil、6 mil/6 mil、5 mil/5 mil，4 mil/4 mil，3 mil/3 mil
8		孔拐角的镍腐蚀情况、磷含量

注释：1 mil=0.0254 mm。

2.2.3 测试方案

在镍缸 0MTO、2MTO、3MTO 三个周期内各生产 15 pcs 板子，共计 45 pcs；完成包括化镍金厚度、磷含量、镍腐蚀、可焊性等 17 项性能测试，测试方案如表 2.6 所示。

表 2.6　测试方案

序号	测试项目	测试说明	标准	测试模块	测试数量
1	微蚀量／微蚀形貌测试	化镍金工序微蚀后采用 SEM 测试微蚀后的形貌，测试微蚀量	—	测试标准片	2 pcs／品牌
2	外观检验	10 倍放大镜	镀层均匀、平整，外表呈金黄色，无污染、氧化、发暗、金面发白异色、NPTH 孔上金等现象	整板	2 pcs/MTO
3	不同位置镀层厚度均匀性测试	① X-ray 测试焊盘化镍金厚度；② 计算化镍金厚度过程能力 C_{pk}	① Ni：3.0 ～ 8.0 μm；② Au：0.05 ～ 0.15 μm	测试四角和中心 5 个 1.5 mm × 1.5 mm 焊盘，每个点测试 3 次	2 pcs/MTO
4	不同焊盘大小镀层厚度测试	测试大小焊盘金镍厚	① Ni：3.0 ～ 8.0 μm；② Au：0.05 ～ 0.15 μm	0.1 mm、1 mm、7 mm 三个焊盘，0.8pitch BGA，孤立焊盘和非孤立焊盘	2 pcs/MTO
5	大铜面化镍金能力	大铜面化镍金	外观正常，无明显颜色不良、金面发白问题	20 mm × 20 mm 、20 mm × 50 mm PAD	2 pcs/MTO
6	阻焊／镀层附着力测试	使用 3M Scotch 600 胶带拉扯	无阻焊剥离和化镍金层剥离现象	0.4QFN、0.5BGA、0102 焊盘，20 mm × 20 mm、20 mm × 50 mm PAD，0.8pitch BGA，孤立焊盘和非孤立焊盘	2 pcs/MTO
7	镍腐蚀	水平切片剥金后采用 SEM 进行分析	腐蚀刺入深度小于 2 μm，不超过镍层厚度的 40%	0.15 mm 孔拐角、0.4pitch QFN、0.5pitch BGA；0.8pitch BGA，孤立焊盘和非孤立焊盘	2 pcs/MTO
8	高温高湿后镍腐蚀	85℃，85%RH，时间 7 天	腐蚀刺入深度小于 2 μm，不超过镍层厚度的 40%	0.15 mm 孔拐角、0.4pitch QFN、0.5pitch BGA、0.8pitch BGA，孤立焊盘和非孤立焊盘	2 pcs/MTO
9	磷含量	水平切片剥金后采用 SEM/EDS 进行分析	7% ～ 11%	0.15 mm 孔拐角、0.4pitch QFN、0.5pitch BGA、0.8pitch BGA，孤立焊盘和非孤立焊盘	2 pcs/MTO
10	回流焊接老化测试	经过 3 次回流焊接后目视金面	无变色，不发红，未氧化	全板	2 pcs/MTO

续表

序号	测试项目	测试说明	标准	测试模块	测试数量
11	可焊性测试（漂锡）	孔环、PAD、通孔两轮回流焊接后表面的润湿情况。无铅锡炉温度为 255+/-5℃，时间为 3+/-0.5 s	至少 95% 表面润湿，其余 5% 表面只允许出现小针孔、缩锡、粗粒状等轻微缺陷，且不可集中于一个区域，所有镀覆孔中焊料已完全攀升	全板	2 pcs/MTO
12	IMC 层	切片观察 IMC 层	形成连续均匀的 IMC 层	0.8pitch BGA 孤立焊盘和非孤立焊盘 0.4QFN	2 pcs/MTO
13	沾锡天平测试	—	$F_1 \geqslant 0.27$ mN, $F_2 \geqslant 0.21$ mN, $T_b \leqslant 1$ s, $T_{2/3} \leqslant 1$ s	—	2 pcs/MTO
14	盐雾测试	在盐雾测试箱中 24 h 后目视金面	金面无漏镍、漏铜、发黑、发红等不良现象	全板 参考项	2 pcs/MTO
15	硝酸蒸汽实验	采用金手指测试标准，时间缩短为 10 min、20 min（金手指为 1 h）	金面无漏镍、漏铜、发黑、发红等不良现象	全板 参考项	2 pcs/MTO（可裁剪）
16	离子污染测试	IPC-TM-650-2.3.25	$\leqslant 1.0$ μg NaCl/cm² （6.4 μg NaCl/in²）	全板	2 pcs/MTO
17	接线柱焊接强度测试［功率射频连接器（Power-SMP）中心针］	使用 L 形工装夹具，钩住连接器中心针顶部向上拉，记录上升过程拉力值与位移关系	$\geqslant 8$ N	接线柱焊盘	2 pcs/MTO

注释：1 in=2.54 cm。

第 3 章　高频高速 PCB 相关特性

3.1　高速 PCB 简介

一般对高速 PCB 要求：低损耗、耐 CAF ／耐热性及机械韧（黏）性（可靠性）好；稳定的 Dk/Df（介电常数／介电损失因数）参数（随频率及环境变化系数小）；材料厚度及胶含量公差小（阻抗控制好）；低铜箔表面粗糙度（减小损耗）；尽量选择平整、开窗小的玻璃纤维布［减小 Skew（时钟偏移）和损耗］。影响高速 PCB 的关键因素如图 3.1 所示。

高速信号的完整性主要与阻抗、传输线损耗及时延一致性有关，在接收端能接收到合适的波形及眼图就可认为信号完整性得到了保证，故高速数字电路的 PCB 材料选择的主要参数指标就是 Dk、Df 和损耗等。

无论是模拟电路还是数字电路，PCB 材料的介电常数（Dk）是材料选用的一个重要参数，因为 Dk 值与应用于该材料的实际电路阻抗值关系密不可分。当 PCB 材料的 Dk 值变化时，无论是随频率变化还是随温度变化，电路的传输线阻抗都会产生意想不到的变化，进而对高速数字电路的信号传输性能造成不利的影响。如果 PCB 材料的 Dk 对不同频率的谐波成分呈现不同值，则阻抗也随之在不同频率出现不同的阻值，Dk 值和阻抗的非预期改变将导致谐波成分产生一定程度的损耗和频率偏移，会使高速数字信号的模拟谐波成分产生失真，进而使信号的完整性下降。

与 Dk 值密切相关的色散也是材料的一种特性，Dk 值随频率变化越小，色散就越小，对高速数字电路应用就越好。介质材料的极化、材料的损耗以及高频段铜导体的表面粗糙度等各种不同因素都会引起电路的色散。因此，要求高速材料的 Dk 值稳定，在不同频率段和温度下，其变化波动越小越好。

传输线损耗通常有介质损耗、导体损耗和辐射损耗 3 种，具体介绍如下。

① 介质损耗：也可称为绝缘层损耗，PCB 信号的绝缘层损耗随频率的增加而增加，特别是随高速数字信号的高阶谐波成分的频率变化，将产生严重的幅度衰减，从而导致高速数字信号失真。介质损耗与信号频率、绝缘层的介电常数 Dk 的平方根以及绝缘层的介电损失因数 Df 成正比。

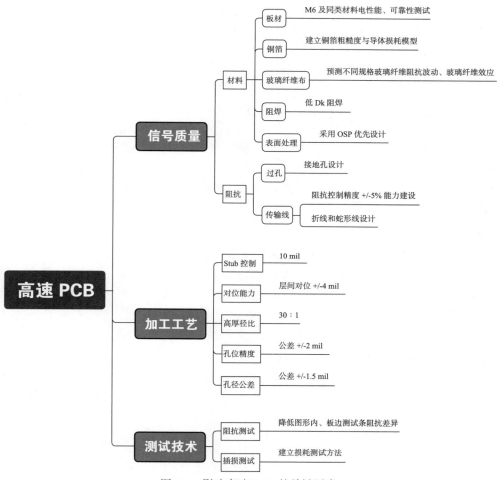

图 3.1　影响高速 PCB 的关键因素

注释：1 mil =0.0254 mm。

② 导体损耗：导体损耗与导体的种类（不同种类导体有不同的电阻）、绝缘层及导体的物理尺寸有关，与频率的平方根成正比；在 PCB 制造上，使用不同基板对导体损耗主要影响是由趋肤效应和表面粗糙度造成的，当使用不同的铜箔时，信号线的表面粗糙度是不一样的，受趋肤效应 / 深度的影响，铜箔铜牙长度将直接关系到高速信号的传输质量，铜牙长度越短，高速信号传输质量越好。

③ 辐射损耗：辐射损耗与介电特性有关，与介电常数（Dk）、介电损失因数（Df）以及频率的平方根成正比。

3.2 高频高速 PCB 板材相关特性

3.2.1 板材关键参数

PCB 板材包括覆铜板（Copper Clad Laminate，CCL）和半固化片（PrePreg，PP）。制造覆铜板所需要的材料是玻璃纤维布（填充物）、树脂、溶剂和铜箔，制造流程包括处理、叠合、压合三个过程。处理是指将液态树脂加工到玻璃纤维布上成为半固化胶片的过程；叠合是将处理好的半固化胶片和铜箔组合好以便压合；压合是通过热压的方式加工叠板，生产出基板的过程。半固化片的制造过程是，将玻璃纤维布板材浸入浸渍胶液，控制胶液含量，经烘箱加热、烘干后获得固体聚合物。

1. 介电常数

介电常数，又称电容率或者相对电容率，是表征电介质或者绝缘材料电性能的一个重要参数，以字母 ε 或 Dk 表示，其定义为电位移 D 和电场强度 E 之比，$\varepsilon = D/E$，单位为法／米（F/m）。在实际应用中，常用相对介电常数 ε_r 来表征，ε_r 是电介质的介电常数 ε 与真空介电常数 ε_0 之比。因为真空介电常数 ε_0 为定值，因此 ε_r 往往表征了介电常数 ε 的意义，也可由 C/C_0 计算（在规定形状的电极之间填充电介质得到的电容量 C 与相同电极之间为真空时的电容量 C_0 之比，因此，又称电容率）。介电常数宏观上表现出材料存储电能能力的大小，当板材的介电常数（电容率）较大时，即表示信号线中的传输能量已有不少被"蓄容"在板材中，由此造成信号完整性变差，传送速率减慢。不同树脂组成、不同的增强材料会带来不同程度的传输损失。

2. 介质损耗角正切

介质损耗角正切，tanδ 或 Df，表示信号或能量在电介质里传输与转换过程中所消耗的程度。理想的绝缘电介质内部没有自由电荷，而实际的电介质内部总是存在少量的自由电荷。自由电荷是造成电介质漏电及产生损失的原因。介质损耗是由板内电介质热损耗所引起的，而且随频率线性增加。在较高频率上，介质损耗便成为一个较严重的问题。这些损耗不仅降低信号的幅度，而且还减慢信号的边缘速度，进而使信号发散，抖动容限变差。

3. 介质层厚度

高频高速电路对阻抗控制偏差要求很严格，研究表明，介质层厚度（Dielectric Thickness）是影响阻抗的主要因素，占总影响因素的 30% ～ 40%。

4. 趋肤效应

随着频率的增加，大部分电流将集中于外部导体上，导线内部实际上没有任何电流的现象被称为趋肤效应（Skin Effect）。频率越高，趋肤效应越显著。趋肤效应使导体的有效电阻增加。当频率很高的电流通过导线时，可以认为电流只在导线表面上很薄的一层中流过，这等效于导线的截面减小，电阻增大。由趋肤效应所引起的损耗与频率的平方根、走线的宽度和高度成正比。

3.2.2 高频高速 PCB 板材树脂体系说明

传统树脂类型的特性优劣表现如表 3.1 所示，该表中给出了不同树脂类型的优缺点。在实际生产中，材料厂家各自推出了"改性树脂"以弥补主体树脂的劣势。"改性树脂"是指以某种传统树脂为主体，配以其他类型树脂，以期达到某方面特性的需求。

表 3.1 不同树脂类型的优缺点

序号	树脂类型	优点	缺点
1	聚四氟乙烯树脂（PTFE）	① Dk/Df 优异（适合 Dk 3.0 以下设计）。 ② 耐热性良好	① CTE 大。 ② PCB 加工性受局限，不宜用于多层板：需要在 300℃ 以上的高温下压合；不易除胶渣（De-smear）等
2	双马来酰亚胺树脂（BMI）	① T_g 高，CTE 小，高温变形量小。 ② 耐热性优越	① 比环氧树脂（Epoxy）铜箔拉力小。 ② Dk/Df 较大。 ③ 成本高
3	热固性氰酸酯树脂（CE）	① Dk/Df 特性良好（适合 Dk 3.5 设计）。 ② CTE 小，尺寸稳定性好。 ③ T_g 高，耐热性优越	① 吸水率高。 ② 成本高
4	聚苯醚树脂（PPE 或 PPO）	① Dk/Df 特性良好（适合 Dk 3.5 设计）。 ② 耐热特性良好	① 比环氧树脂（Epoxy）铜箔拉力小。 ② CTE 大。 ③ 成本高。 ④ 需要采用等离子清洗机（Plasma Cleaner）除胶渣（De-smear） ⑤ 流胶慢，压板周期（Press Cycle）长，HDI 生产效率低
5	环氧树脂	① 阻燃性良好。 ② 铜箔拉力强。 ③ 流胶足够，易塞孔。 ④ 压板周期（Press Cycle）较短，适合多次压合（HDI）	① 与 BMI 树脂相比，CTE 较高。 ② 与 PPO 树脂相比，Dk/Df 和信号损失较大
6	碳氢树脂	① Dk/Df 特性优越（适合 Dk 3.0 设计）。 ② 耐热特性良好	① 比 PPO 的 CTE 大。 ② 铜箔拉力小。 ③ 需要采用等离子清洗机（Plasma Cleaner）除胶渣（De-smear） ④ 胶流量小，不宜用于制造多层板或 HDI 板

常用的高频高速覆铜板材料有聚四氟乙烯树脂（PTFE）、聚酰亚胺树脂（PI）、热固性氰酸酯树脂（CE）、聚苯醚树脂（PPE 或 PPO）、改性环氧树脂（低 ε 型 EP）及其他树脂。本文重点介绍板材的树脂特性，对其相应的半固化材料不做特别论述。

1. 聚四氟乙烯树脂（PTFE）

聚四氟乙烯树脂，英文缩写为 Teflon 或 PTFE，F4，中文名为特氟龙、铁氟龙、特氟隆、特富隆、泰氟龙等。在低 ε、低 tanδ 的树脂中，早期使用较多的是 PTFE。最早为军用，后来才逐步转为民用。

PTFE 基本结构式为 $-CF_2-CF_2-$ 结构，具有如下特点。

- PTFE 的密度为 2.2 g/cm^3，吸水率小于 0.01%。C-F 键键能高，性能稳定，耐化学腐蚀性极佳；
- PTFE 分子中 F 原子对称，C-F 键中两种元素以共价键结合，分子中没有游离的电子，整个分子呈中性，因此它具有优良的介电性能，并且其电绝缘性不受环境及频率的影响；
- PTFE 分子结构中没有氢键，结构对称，所以它的结晶度很高（一般结晶度为 55% ～ 75%，有时高达 94%），使 PTFE 耐热性能极好，最高使用温度为 250℃；
- PTFE 的尺寸稳定性差，在机械强度、热传导性等方面不如热固性树脂材料；
- PTFE 成型温度过高、加工困难、黏接能力弱，通常需要改性才能应用于多层的 PCB 产品。

业界代表性的材料有：

- 罗杰斯的 AD 系列；
- 泰康利的 RF 系列；
- 华正的 H5 系列。

2. 双马来酰亚胺树脂（BMI）

双马来酰亚胺树脂（BMI）是由聚酰亚胺树脂（PI）体系派生的另一类树脂，是以马来酰亚胺（MI）为活性端基的双官能团化合物，具有与环氧树脂相近的流动性和可模塑性，可采用与环氧树脂类同的方法进行加工成型，克服了环氧树脂耐热性相对较低的缺点，因此，近二十年来得到迅速发展和广泛应用。

双马来酰亚胺（BMI）以其优异的耐热性、电绝缘性、透波性、耐辐射性、阻燃性，良好的力学性能和尺寸稳定性，以及成型工艺类似于环氧树脂等特点，被广泛应用于航空、航天、机械、电子等工业领域，作为先进复合材料的树脂基体、耐高温绝缘材料和胶黏剂等。

聚酰亚胺树脂（PI）是具有很高耐热性、开发较早的树脂，也是最早应用于板材制造的耐高温、较低 ε 的树脂，目前已被大量地应用在航天航空、军工产品上以及大型计算机、大型通信设备中的 PCB 上。聚酰亚胺树脂是分子主链上含有酰亚胺环结构的环链高聚物树脂，具有如下特点：

- 具有高的 T_g（可以达到 250℃），聚酰亚胺树脂是目前已知的有机聚合物中热稳定性好的品种之一，这主要是因为分子链中含有大量的芳香环；
- 具有低介电常数（改性 PI 树脂的板材 ε 小于 3.5），如果在分子链上引入氟原子，则介电常数可降到 2.5 左右；
- 具有优异的力学性能、电气性能、耐化学性及尺寸稳定性；
- 层压加工中易发生分层的现象；
- 成本较高。

业界代表性的材料有：

- 三菱瓦斯的 HL972LF 系列和 HL832 系列；
- 华正的 HB20-M1。

3. 热固性氰酸酯树脂（CE）

热固性氰酸酯（Cyanate Ester，CE）单体中含有 2 个或 2 个以上氰酸酯官能团，在热或催化剂作用下，CE 会发生环化三聚反应形成含有三嗪环的高交联度的网络结构大分子。

CE 是一种具有很好的介电特性的树脂，但考虑到它的成本和加工特性，目前很少将其单独地用于板材的制造中，往往通过采用环氧树脂、双马来酰亚胺树脂和高耐热性的热塑性树脂等对其改性，使其成为综合特性优异的可用于板材制造的树脂。由双马来酰亚胺与氰酸酯树脂合成出的树脂体系通常被称为 BT 树脂（Bismaleimide-Triazine resin，双马来酰亚胺三嗪树脂）。

BT 树脂具有如下特点：

- 具有较高的 T_g（240℃～290℃），低的吸湿率（＜1.5%）；
- 极性官能团含量很少，甚至不含活性氢的官能团，这使得这种板材的 ε_r 很小，具有小的介电系数（2.8～3.2）和极小的介质损耗角正切值（0.002～0.008）；
- BT 树脂板材在价格上与小 ε、高 T_g 的 FR-4 板材相比，还存在一定的劣势。

业界代表性的材料有：

- 三菱瓦斯的 HL972LF 系列和 HL832 系列；
- 华正的 HB20-M1。

4. 聚苯醚（PPE 或 PPO）树脂

聚苯醚：PolyPhenylene Ether 或 PolyPhenylene Oxide，PPE 或 PPO。PPE 树脂是一种热塑性树脂，属于非结晶材料。

聚苯醚树脂具有力学性能优良、介电常数和介质损耗小、玻璃化转变温度高、尺寸稳定性好，以及低吸水性、低密度、耐酸碱溶剂等优异性能，但是该树脂不耐有机溶剂。聚苯醚溶解会造成 PCB 的平整度变差，层间黏合力下降，甚至引起铜箔剥落。通常在 PPE 树脂中会引入热固性树脂或可参与反应的某种基团等，使其改性成为热固性树脂。常见引入的树脂为环氧树脂、氰酸酯树脂、含丙烯基的树脂或化合物等。

改性 PPE 树脂具有如下特点：

• 具有较高的机械强度，尺寸稳定性好；
• 吸湿率低，ε_r 和 $\tan\delta$ 值小，而且其 ε_r 和 $\tan\delta$ 特性在温度、湿度、频率的变化条件下具有很好的稳定性。

业界代表性的材料有：

• 松下的 R-5785 系列；
• 华正的 H360 系列和 HSD7 系列。

5. 改性环氧树脂（小 ε 型 ER）

环氧树脂：Epoxy Resin，ER。环氧树脂（ER）原本的介电特性对于高频电路板材来讲并不是很理想，但通过对它进行改性，可以达到小 ε 板材（小 ε 型 FR-4）的特性要求，通过这种途径生成的小 ε 板材具有制造成本低、加工性好的优势。

环氧树脂是一种高分子聚合物，分子式为 $(C_{11}H_{12}O_3)_n$，是指分子中含有两个以上环氧基团的一类聚合物的总称。它是环氧氯丙烷与双酚 A 或多元醇的缩聚产物。由于环氧基的化学活性，可用多种含有活泼氢的化合物使其开环，固化交联生成网状结构，因此它是一种热固性树脂。双酚 A 型环氧树脂不仅产量最大，品种最全，而且新的改性品种仍在不断增加，质量正在不断提高。

业界代表性的材料有：

• 松下的 R-1515 系列；
• 华正的 H175HF。

6. 碳氢树脂

碳氢树脂是由不饱和碳氢化合物（如乙烯、丙烯、苯乙烯、丁二烯、异戊二烯等）经聚合而得到的聚合物（如聚乙烯、聚丙烯、聚丁二烯、聚苯乙烯、聚异戊二烯、聚丁苯、聚乙丙等），其分子量在几万到数十万，一般不超过百万。

碳氢树脂分子链中 C-H 的极性小（C 和 H 的电负性分别为 2.5 和 2.1），分子链构象呈锯齿状平面排列，因此碳氢覆铜板具有优异的介电性能〔体积电阻率为 $10^{17\sim18}$ $\Omega\cdot m$；介电常数（1 MHz）为 2.4 ～ 2.8；$\tan\delta$ 值为 0.0002 ～ 0.0006。〕

业界代表性的材料有：

• 罗杰斯的 RO4000 系列；
• 华正的 HC 系列。

7. 小结

对高频高速板材的研究内容包括：对环氧树脂改性、换用其他树脂体、混杂玻璃纤维、使用空心玻璃纤维、适当布置多层结构、合理布线、嵌入无源元件等，通过上述途径可以在某种程度上改善高频高速 PCB 板材的特性。板材的组成包括树脂、增强材料和填充料，为了减小高频高速板材的介电常数，重点可以从以下几方面考虑：

① ε_r 和 $\tan\delta$ 值小的板材的树脂：目前介电常数最小的树脂是 PTFE 类，其次是 PPO 类，BT 和 PI 类等的介电常数特性稍微优于普通 FR-4；尤其是 PPO 类树脂，不但 ε_r 和 $\tan\delta$ 值小，其他性能也很优异。

② 增强材料：目前常用的增强材料是玻璃纤维，但是它的介电常数较大。也有使用混杂玻璃纤维和空心玻璃纤维等材料的，但目前应用不广。

③ 填充料：目前通用的填充料是二氧化硅、陶瓷粉等，二氧化硅的介电常数较大，而陶瓷粉会降低板材的可加工性。有报道，可采用微空气珠层压板来获得小的介质常数，该方式利用空气的介质常数接近的特点，但目前还未有实际应用。

3.2.3　高频高速 PCB 对板材的要求

1. 高频高速 PCB 特性

高频高速 PCB 的主要特性如下所述。

① 传输损失（α）小，传输延迟时间（T_{pd}）短，信号传输失真小。

② 具有优秀的介电特性（主要指相对介电常数 ε_r 和介质损耗角正切 $\tan\delta$ 特性好），并且这种介电特性（ε_r 和 $\tan\delta$）分布均匀，在频率、湿度、温度环境变化的条件下仍能保持稳定。

③ 特性阻抗（Z_o）的可控精度高。

2. 高频高速 PCB 特性与板材参数的关系

下面以带状线的传输方式为例，说明 PCB 的各个信号传输的相关特性与 PCB 板材特性的相互关系。

（1）传输损失（α）

$$\alpha = \alpha_c + \alpha_d + \alpha_r$$

① α_c：导体损失，与导体的种类（不同种类有不同的电阻）、绝缘层、导体的物理尺寸有关，与频率的平方根成正比。

② α_d：介质损失，又称作绝缘层损失。

$$\alpha_d = [(20\pi \times \lg e)/\lambda_g] \times \tan\delta = 27.3(f/c) \times (\varepsilon_r)^{1/2} \times \tan\delta$$
$$20\pi \times \lg e = 20 \times 3.1415 \times 0.43429 = 27.3$$

式中，e 是一个无限不循环小数，其值为 2.718281828…；λ_g 为管内波长；f 为频率；c 为光速；ε_r 为相对介质常数；$\tan\delta$ 为介质损耗角正切。

③ α_r：辐射损失，与节点特性有关，与 ε_r 和 $\tan\delta$ 成正比，并与频率的平方根成正比。

（2）传输延迟时间（T_{pd}）

$$T_{pd} = L \times (\varepsilon_{eff})1/2 \times c$$

式中，L 为信号传输的长度；ε_{eff} 为实际相对介电常数（在带状线的情况下，$\varepsilon_{eff}=\varepsilon_r$）；$c$ 为光速。

（3）特性阻抗（Z_o）

$$Z_o = 60/(\varepsilon_{eff})^{1/2} \times \ln[4b / 0.67\pi \times (0.8w+t)]$$

式中，ε_{eff} 为实际相对介电常数（在带状线的情况下，$\varepsilon_{eff}=\varepsilon_r$）；$b$ 为绝缘层厚度；w 为导体宽度；t 为导体厚度。

导体电路的传输损失包括导体损失（α_c）、介质损失（α_d）和辐射损失（α_r），α_c 和 α_d 都与频率的大小相关，它们之间是正比关系。其中，介质损失（α_d）主要由板材绝缘层的介电常数（ε_r）、介质损耗角正切（$\tan\delta$）这两个介电特性决定，而 ε_r 又对传输延迟、特性阻抗精度控制有重要的影响。

特性阻抗精度受 ε_r 和 $\tan\delta$ 以及板材绝缘层的厚度、导电层的电路图形形状等影响。

3. 高频和高速 PCB 对板材的要求

在高速 PCB 中，对特性阻抗精度控制要求严格，而减小介电常数有助于提高特性阻抗，因此应该重点考察所用的板材的介电常数的特性及其他在频率、湿度、温度等条件变化下的性能因素。

在高频电路中，微带线对介质板材的要求是：介电常数小且随温度、频率的变化小，分布均匀；介质损耗小且随温度、频率的变化小；介质层厚度均匀，CTE（尤其是在 Z 方向的 CTE）小。

总体来说，高频高速电路要求板材具有传输损失和传输延迟小、特性阻抗精度高的控制的特性，需要板材的相对介电常数（ε_r，常简化用 ε 表示）和介质损耗角正切（$\tan\delta$）小，并且需要这两项介电特性在频率、湿度、温度变化的条件下可表现出高度稳定性。板材还应该考虑的其他因素有优异的耐热性、加工性、成型性，以便可用于制造 30 层 PCB 等。

3.3　高速 PCB 插损测试

3.3.1　插损测试的意义及现状

印制电路板（PCB）信号完整性是近年来热议的一个话题，国内已有很多对 PCB 信号完整性的影响因素进行分析的报道，但对信号损耗测试技术现状的介绍却较为少见。

PCB 传输线信号损耗来源为材料的导体损耗和介质损耗，同时也受到铜箔电阻、铜箔粗糙度、辐射损耗、阻抗不匹配、串扰等因素影响。在供应链上，覆铜板（CCL）厂与 PCB 厂家之间采用介电常数和介质损耗作为验收指标；而 PCB 厂家与终端之间通常采用阻抗和插损作为验收指标。针对高速 PCB 设计与使用，如何快速、有效地测量 PCB 传输线信号损耗，对于 PCB 设计参数的设定和仿真调试，以及生产过程的控制具有重要意义。

目前，业界使用的 PCB 信号损耗测试仪器可分为时域测试仪器和频域测试仪器两大类。时域测试仪器有时域反射计（Time Domain Reflectometry，TDR）或时域传输计（Time Domain Transmission meter，TDT）；频域测试仪器有矢量网络分析仪（Vector Network Analyzer， VNA)。在 IPC-TM 650 实验规范中，推荐了 5 种实验方法用于 PCB 信号损耗的测试：频域法、有效带宽法、根脉冲能量法、短脉冲传播法、单端 TDR 差分插损法。

3.3.2　TDR 测试的原理及方法介绍

1. TDR 概述

时间域反射测试技术是一种对反射波进行分析的遥控测量技术，在遥控位置掌握被测量物件的状况，通过对反射波进行分析测量从而掌握被测器件的电气特性。随着数字电路工作速率的提高，例如，PCI-EX16 的速率可达到 64 Gbps，在骨干网和核心网中速率更高，数字信号的上升时间越来越短，上升沿信号在阻抗不连续的点产生的反射将会加剧，这时就需采用 TDR 来测试、检查 PCB 上线路的阻抗连续性。时域反射计（TDR）主要由三部分构成：快沿信号发生器、采样示波器和探头系统。

2. TDR 测试原理及测试方法

随着数字电路工作速度的提高，PCB 上信号的传输速率也越来越高，如 PCI-Express 的信号速率已经达到 2.5 Gbps，SATA 的信号速率已经达到 3 Gbps，新的标准如 PCI-Express II、XAUI、10 Gbps 以太网的工作速率更高。随着数据传输速率的提高，信号的上升速度会更快。当快速上升的信号在电路板上遇到一个阻抗不连续点时就会产生更大的反射，这些信号的反射会改变信号的形状，因此线路阻抗是影响信号完整性的一个关键因素。对于高速电路板来说，很重要的一点就是要保证在信号传输路径上阻抗的连续性，从而避免信号产生大的反射。相应地，对于测试来说，也需要测试高速电路板的信号传输路径上阻抗的变化情况并分析产生的原因，从而更好地定位问题，例如，PCI-Express 和 SATA 等标准都需要精确测量传输线路的阻抗。

要进行阻抗测试，一个快捷有效的方法就是采用 TDR（时域反射计）。TDR 的工作原理基于传输线理论，工作方式有点像雷达，TDR 测试原理如图 3.2 所示。当有一个阶跃脉冲加到被测线路上时，在阻抗不连续点就会产生反射，已知源阻抗 Z_0，则根据反射系数就可以计算出被测点阻抗的大小。

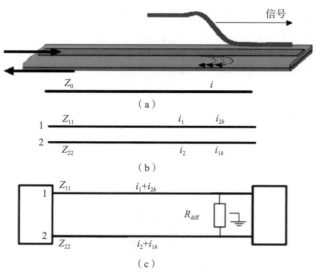

图 3.2　TDR 测试原理

图 3.2 中，Z_0 表示单根走线的特征阻抗；i 表示该走线上流经的电流；Z_{11} 表示差分线 1 的特征阻抗；i_1 表示该走线上流经的电流；i_{2k} 表示线 2 耦合至线 1 的耦合电流，其中 k 为耦合系数；Z_{22} 表示差分线 2 的特征阻抗；i_2 表示该走线上流经的电流；i_{1k} 表示线 1 耦合至线 2 的耦合电流，其中 k 为耦合系数；R_{diff} 表示差分阻抗。

最简单的 TDR 测量配置是在宽带示波器的模块中增加一个阶跃脉冲发生器。阶跃脉冲发生器发出一个具有快速上升沿的阶跃脉冲，同时接收模块采集反射信号的时域波形。如果被测件的阻抗是连续的，则信号没有反射；如果有阻抗的变化，就会有信号反射回来。根据反射波返回的时间可以判断阻抗不连续点距接收端的距离，根据反射返回的幅度可以判断相应点的阻抗变化。TDR 的工作方式如图 3.3 所示，图中，DUT 表示待测器件或通道，在该图中展示了相应的测试波形。

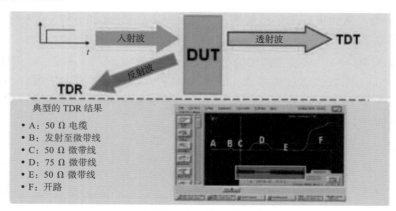

图 3.3　TDR 的工作方式

TDR 通常显示反射和阻抗变化情况，TDT 通常显示传输延迟。器件或者通道的阻抗不连续会导致传输信号失真，因此 TDR/TDT 是测量信号完整性的重要工具。

3.3.3　PCB 插损测试技术介绍

1. 频域法

频域法（Frequency Domain Method）主要使用矢量网络分析仪测量传输线的参数，直接读取插损值，然后在特定频率范围内（如 1 ～ 5 GHz）通过平均插损的拟合斜率来衡量板材合格 / 不合格。

频域法测量准确度的差异主要取决于校准方式，主要的校准方式为 SOLT（Short-Open-Load-Through）、Multi-Line TRL（Through-Reflect-Line） 和 ECal（Electronic Calibration），具体介绍如下。

① SOLT 通常被认为是标准的校准方法，该校准模型共有 12 项误差参数。SOLT 方式校准是一种基于标准校准件的校准方式，高精度的校准件由测量设备厂家提供，但校准件价格昂贵，而且一般只适用于同轴电缆环境，校准耗时且随着测量端数增加而呈指数级增长。

② Multi-Line TRL 方式主要用于非同轴电缆的校准测量，根据用户所使用的传输线的材料以及测试频率来设计和制作 TRL 校准件。尽管 Multi-Line TRL 校准件相比 SOLT 校准件设计和制造更为简易，但是采用 Multi-Line TRL 方式的校准耗时同样随着测量端数的增加而呈指数级增长。

③ 为了解决校准耗时问题，测量设备厂家推出了 ECal 电子校准方式。ECal 是一种传递校准方式，影响该校准方式测试效果的主要因素是原始校准件，同时测试电缆的稳定性、测试夹具装置的重复性和测试频率的内插算法也对测试有影响。一般先用原始电子校准件将参考面校准至测试电缆末端，然后采用嵌入方式补偿夹具的电缆长度。

以测量差分传输线的插损为例，不同校准方式比较如表 3.2 所示。

表 3.2　不同校准方式比较

校准方式	SOLT	Multi-Line TRL	ECal
校准精度	高	较高	较高
校准耗时	慢 ＞ 30 min	慢 ＞ 30 min	快 ＜ 10 min
校准件价格	高	较低	高

2. 有效带宽法

从严格意义上来说，有效带宽（Effective Band Width，EBW）法是一个定性的传输线损耗 α 的测量方法，无法定量地测量插损，但是测试可以提供一个被称为有效带宽（EBW）

的参数。有效带宽法的原理是，通过 TDR 将特定上升时间的阶跃信号发射到传输线上，测量 TDR 与被测件连接后的上升时间的斜率，该斜率即为损耗因子，单位为 MV/s。更确切地说，采用该方法得到的是一个相对的总损耗因子，可以用来识别损耗在面与面或层与层之间传输线上的变化。由于斜率可以直接由仪器测得，有效带宽法常用于印制电路板的批量生产测试。

3. 根脉冲能量法

根脉冲能量（Root ImPulse Energy，RIE）法通常使用 TDR 分别获得参考损耗线与测试传输线上的 TDR 波形，然后对 TDR 波形进行信号处理。

4. 短脉冲传播法

短脉冲传播（Short Pulse Propagation，SPP）法的测试原理：利用两条不同长度的传输线，如 30 mm 和 100 mm，通过测量这两条传输线线长之间的相关差异来提取参数衰减系数和相位常数。使用这种方法可以将连接线缆、探针和示波器的影响降到最低。若使用高性能的 TDR 和 IFN（Impulse Forming Network，脉冲形成网络），则测试频率可高达 40 GHz。

5. 单端 TDR 差分插损法

单端 TDR 差分插损（Single-Ended TDR to Differential Insertion Loss，SET2DIL）法有别于采用 4 端口 VNA 的差分插损测试，该方法使用两端口 TDR 仪器，将 TDR 阶跃响应发射到差分传输线上，将差分传输线末端短接。SET2DIL 法测量典型的测量频率范围为 2～12 GHz，测量准确度主要受测试电缆的时延不一致和被测件阻抗不匹配的影响，VNA 与 SET2DIL 差分损耗测试如图 3.4 所示。SET2DIL 法的优势在于无须使用昂贵的 4 端口 VNA 及其校准件，被测件的传输线的长度仅为 VNA 方法的一半，校准件结构简单，校准耗时也大幅度减小，非常适合 PCB 制造的批量测试。SET2DIL 批量测试如图 3.5 所示。

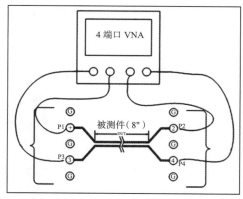
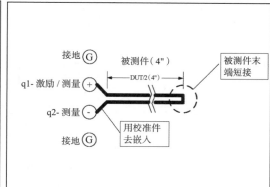

（a）VNA 差分测试结构图 　　　　（b）SET2DIL 差分测试结构图

图 3.4　VNA 与 SET2DIL 差分损耗测试

图 3.5　SET2DIL 批量测试

3.3.4　结论

本节主要介绍目前业界使用的几种 PCB 传输线信号损耗测量方法。由于采用的测试方法不同，测得插损值也不一样，对测试结果不能直接进行横向对比。在实际中，应根据各种测试方法的优势和限制信号损耗的测试技术，结合自身的需求选择合适的测试方法。

第 4 章　影响高频高速材料插损的因素

4.1　影响插损的因素

4.1.1　设计对插损的影响

影响微带线和带状线插损的因素如图 4.1 所示，由此可知，不管是微带线还是带状线，PCB 板材对插损贡献度高达 67% 以上；除去材料的影响因素，铜箔粗糙度贡献最大，且频率越高贡献越大；介质厚度、铜箔厚度、油墨选择、线距在不同等级材料、不同频点的贡献率均有差异。加工制程控制的影响约占 10% ～ 15%，主要体现在油墨选择、阻焊前处理和介厚方面。

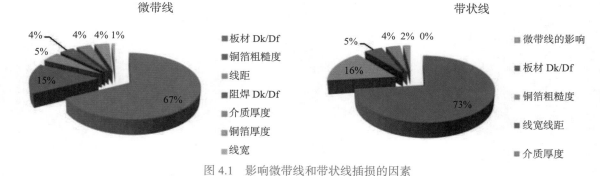

图 4.1　影响微带线和带状线插损的因素

4.1.2　板材对插损的影响

1. 板材本身的影响

不同级别的板材对 PCB 板材插损的影响差别很大。板材按照介质损失因数（Df）大小，可以分为 Standard Loss（Df：0.015 ～ 0.02）、Mid Loss（Df：0.01 ～ 0.015）、Low Loss（Df：0.0065 ～ 0.01）、Very Low Loss（Df：0.003 ～ 0.0065）和 Ultra Low Loss（Df：＜ 0.003）

五个等级。为分析不同等级 Df 的材料对插损的影响，选取了 3 个等级的材料在采用相同叠构及设计的情况下进行评估。材料代号分别为 #1、#2 和 #3，材料特性参数如表 4.1 所示。采用频域法测试对应 PCB 的插损，其结果如表 4.1 所示。当频率为 2 GHz 时，#1、#2 和 #3 材料的插损分别为 0.353 dB/5 in、0.195 dB/5 in 和 0.140 dB/5 in，#1 材料比 #2 材料的插损高约80%，#2 材料比 #3 材料的插损高约 40%。

表 4.1　材料特性参数

材料代号	#1	#2	#3
材料等级	Low Loss	Very Low Loss	Ultra Low Loss
Dk（10 GHz）	3.78	3.00	3.00
Df（10 GHz）	0.007	0.004	0.002
插损（2 GHz）/（dB/5 in）	0.353	0.195	0.140

注释：1 in =2.54 cm。

2. 玻纤效应的影响

所谓玻纤效应是指构成 PCB 介质层的增强材料——玻璃纤维束网状结构之间的间隙引起介质层的相对介电常数局部变化的现象。PCB 的介质层一般由玻璃纤维布和树脂组成，在玻璃纤维布的玻璃纤维束空隙填充树脂，由于玻璃纤维布和树脂的介电常数相差较大（玻璃纤维布的介电常数一般在 6 左右，树脂的介电常数是 2.5），在靠近玻璃纤维的走线上信号"感受"到的介电常数较大，而在玻璃纤维束之间窗口区域走线的信号"感受"到的介电常数较小，从而导致了玻纤效应。玻纤效应对高速信号的影响主要表现在两个方面：一方面会引起走线阻抗的周期性波动；另一方面，会导致差分走线之间的信号时延出现偏差。PCB 介质层结构如图 4.2 所示。

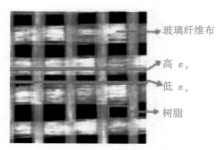

图 4.2　PCB 介质层结构

减小玻纤效应的方法如下。

① 优化板材。可以从三个方面考虑，首先，可以选择扁平开纤玻璃纤维布，随着玻纤效应的日益凸显，扁平开纤玻璃纤维布应运而生，它的特点有两个：一是开纤，二是扁平，就

是要把玻璃纤维砸散、锤扁，使玻璃纤维的表面积增大，增加与树脂的接触面积，同时提高平整度，最终的目的就是减小玻璃纤维布的经纱束与纬纱束之间的窗口。

② 在叠层设计阶段考虑使用不同规格的 PP。从统计学的角度分析，这样做也可以覆盖大部分的窗口，减小玻纤效应的影响，不同规格 PP 对插损的影响如表 4.2 所示。

表 4.2　不同规格 PP 对插损的影响

PP 规格	线宽 / 线距 (W/S) / （mil）	纬向 / （ps/in）		经向 / （ps/in）	
		理论	测量	理论	测量
1035	5/9	0.40	0.46	0.26	0.43
1080	6/8	4.28	3.06	2.75	1.91
3313	6/6	5.67	4.24	4.11	3.55
2116	7/8	1.06	0.72	0.65	0.69
1078	6/8	1.48	0.95	0.81	0.63

注释：1 mil =0.025 mm；1 in =2.54 cm。

③ 优化设计。在 PCB 设计阶段，按照一定的角度走线。由于玻璃纤维布的经纱和纬纱是按横纬竖经的方向垂直交织的，因此这两个方向的走线受玻纤效应的影响最大，如果走线能相对于玻璃纤维束偏移一定的角度，就可以减小玻纤效应的影响。具体方法有两个：一个是按一定的角度走线，另一个是旋转器件。缺点是会增加布局、布线对空间的要求，同时也有可能增加走线的损耗，需要权衡取舍。

4.1.3　铜箔对插损的影响

1. 铜箔本身粗糙度

以 HVLP 铜箔测试数据为基准，在 20 GHz 的测试频率下，HVLP-2 铜箔插损数据提升 5%，RTF-2 铜箔插损数据降低 0.6%，RTF-25 铜箔插损数据降低 1.8%。说明，HVLP 与 RTF-2 对信号插损的影响程度大致相同，不同粗糙度铜箔对插损的影响如图 4.3 所示。其中，左图表示不同频率下不同粗糙度的铜箔插损测试数据；右图表示 20 GHz 频率下不同粗糙度铜箔的插损测试数据。不同铜箔类型对信号插损影响的大小为 HVLP-2 < HVLP < RTF-2 < RTF-25，这主要是由铜箔之间的粗糙度和表面积比的差异造成的，不同粗糙度铜箔的关键指标如表 4.3 所示。

在表 4.3 中，HVLP 表示超低轮廓铜箔；RTF 表示反转铜箔；Sz 表示光学测量毛面的表面粗糙度；Sa 表示光学测量光面的表面粗糙度；Rz 表示机械测量毛面的表面粗糙度；Ra 表示机械测量光面的表面粗糙度。

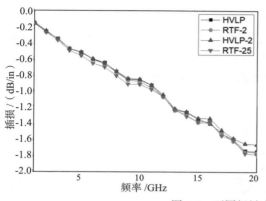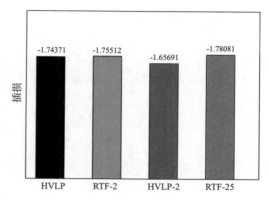

图 4.3　不同粗糙度铜箔对插损的影响

表 4.3　不同粗糙度铜箔的关键指标

铜箔类型	HVLP	RTF-25	RTF-2	HVLP-2
表面积比	1.71	1.49	1.49	1.39
$Sz/\mu m$	5.52	5.55	5.54	4.72
$Sa/\mu m$	0.23	0.37	0.31	0.19
$Rz/\mu m$	2.83	2.78	2.65	1.74
$Ra/\mu m$	0.31	0.37	0.34	0.25

2. 不同铜表面前处理

不同铜表面处理方式的插损差异如表 4.4 所示，从该表中可以看出，不同的前处理工艺对于插损的影响相差巨大，主要原因是前处理后造成铜面的粗糙度不同。

表 4.4　不同铜表面前处理方式的插损差异

铜表面前处理方式	不同频率下的插损恶化情况（以未进行前处理的铜面为基准）					
	4 GHz	8 GHz	12.89 GHz	14 GHz	18 GHz	28 GHz
刷板	2.88%	2.53%	1.19%	0.44%	0.45%	3.98%
喷砂	3.83%	3.98%	3.11%	2.89%	4.19%	5.23%
微蚀	6.39%	5.97%	5.62%	5.44%	6.60%	9.81%
火山灰	14.06%	11.39%	9.44%	9.21%	11.41%	13.38%
超粗化	16.29%	12.84%	10.63%	10.43%	13.55%	16.17%

3. 不同的内层铜表面处理工艺

常规棕化、黑化工艺会导致 VLP 铜箔（低表面粗糙度铜箔）表面粗糙度增加；低粗糙度工艺可保护 VLP 铜箔表面形貌，相对于棕化工艺，可以使插损降低 0.03 ～ 0.05 dB/in（12.5 GHz）（1in=2.54 cm），内层表面处理对插损的影响如图 4.4 所示。

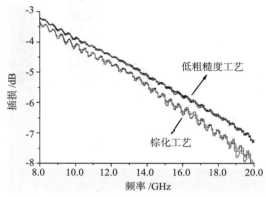

图 4.4　内层表面处理对插损的影响

4.1.4　走线设计对插损的影响

1. 线形设计

蛇形线设计会导致周期性谐振，而折线设计导致周期性谐振的概率较蛇形线设计小，走线对插损的影响趋势如图 4.5 所示，图中横坐标表示频率，纵坐标表示插损。

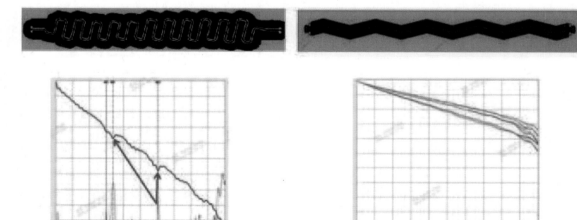

图 4.5　走线对插损的影响

2. 地孔的影响

增加地孔后，通过调整地孔与信号孔距离以及信号孔孔径可实现对过孔阻抗的控制，可有效降低孔损耗。地孔对插损的影响如图 4.6 所示。

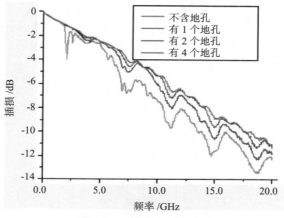

图 4.6　地孔对插损的影响

4.1.5　阻焊油墨对插损的影响

表层油墨对吸潮影响表现最明显的是普通油墨，油墨吸潮后对插损恶化贡献度约为 47%。低损耗油墨的表现较好，贡献度约为 18%。普通油墨和低损耗油墨对插损的影响如图 4.7 所示。

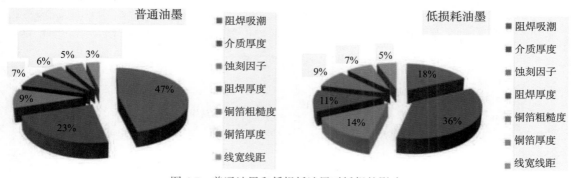

图 4.7　普通油墨和低损耗油墨对插损的影响

亮光、亚光油墨差异约为 0.05dB@8GHz；同样规格不同厂家差油墨异约为 0.03dB@8GHz；所有颜色油墨中红色亮光油墨最好，比绿色油墨中最好的油墨及其他油墨好约 0.04dB@8GHz。油墨对插损的影响如图 4.8 所示。

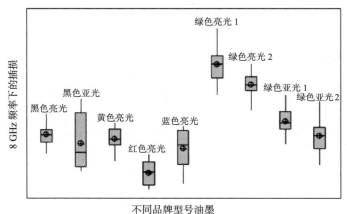

图 4.8　油墨对插损的影响

4.1.6　不同表面处理工艺对插损的影响

　　以裸铜面为基准，不同表面处理工艺对插损的影响的差别很大，其中影响最小的是 OSP 工艺，影响最大的是化镍金（ENIG）工艺，表面处理工艺对插损的影响如图 4.9 所示，不同表面处理工艺对插损的影响程度如表 4.5 所示。

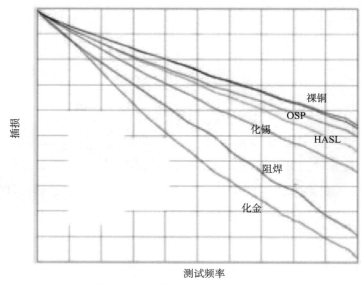

图 4.9　表面处理工艺对插损的影响

表 4.5　不同表面处理工艺对插损的影响程度

表面处理工艺	OSP	化银	HASL	化锡	阻焊	ENIG
插损恶化	1% ～ 4%	10% ～ 30%	20% ～ 40%	30% ～ 50%	40% ～ 80%	70% ～ 150%

4.1.7　结论

不管是微带线还是带状线，PCB 板材对插损贡献度高达 67% 以上；除去材料的影响因素，粗糙度贡献最大，且频率越高贡献越大；介质厚度、铜箔厚度、油墨选择、线距在不同等级材料、在不同频点的贡献率均有差异；外层线路与内层线路相比，线距影响相对较大，且材料越好影响越大。加工制程控制的影响约占 10% ～ 15%，主要体现在油墨选择、阻焊前处理和介质厚度方面。

4.2　不同类型曝光机对插损的影响

4.2.1　研究背景

在 PCB 加工过程中，信号线的线宽、间距、铜箔厚度等变化会对插损产生影响，而在线路图形制作中，关键的曝光工序制作方式对导体线路成型起决定性作用，基于不同曝光生产条件的线宽大小及导线表观会有差异，在本实验中，我们将探究采用常规平行曝光机（高压汞灯）与 DI 曝光机（激光光源）生产相同设计线路的实际差异，评估两种设备制作的导体线路的插损测试效果。

4.2.2　方案设计

1. 测试样品

采用 AFR（Automatic Fixture Removal，自动夹具移除）模块设计，标准连接器固定夹具测量方式如图 4.10 所示。

2. 插损测试方案

插损是对由导线损耗和介质损耗所引起衰减的直接度量，而且这两种损耗都随频率的增加而单调递增。基于此原理，为降低介质损耗对测试效果的影响，选用两种介质损耗较小的板材，对比采用不同类型曝光机生产的内／外层布线的导线损耗。插损测试方案如表 4.6 所示。

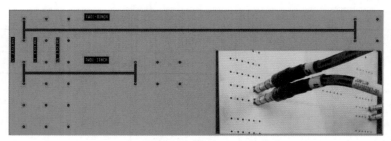

图 4.10 标准连接器固定夹具测量方式

表 4.6 插损测试方案

序号	实验项目	测试方法
1	插损设计	采用 AFR 模板设计差分线路，40 GHz 高频测试要求配备专用插损测试线缆及连接器，PCB 需要按对应连接器设计接口测量 0 ～ 40 GHz 频率下的插损
2	选用 M7 级别以上类型板材	板材：M7N，TU-933
3	使用 DI 曝光机和平行曝光机生产	设计不同线宽 / 间距差分线路，评估内 / 外层线路插损测试影响

3. 实验流程设计

设计不同线宽 / 间距组合的差分线路，采用 DI 曝光和常规平行曝光机（菲林），分析其线路表观差异及损耗。选用相同规格设计的芯板测试，除曝光条件不一样外，其他流程、产线、物料、生产条件等同时制作，尽量减少加工流程及其他因素影响，实验设计方案如表 4.7 所示，表中数量的单位为 PNL（PaNeL，拼版单元）。

表 4.7 实验设计方案

实验方案	高速板材类型		内层曝光机类型		外层曝光机类型		数量 / PNL
	N7N	TU-933	平行曝光机	DI 曝光机	平行曝光机	DI 曝光机	
实验 1	√			√		√	6
实验 2	√		√		√		6
实验 3		√		√		√	6
实验 4		√	√		√		6
说明	① 采用平行曝光机和 DI 曝光机测试，两款型号试板在同一机台上使用参数相同生产；② 外层首板显影后检测干膜线路再蚀刻生产，测量对应位置线路表观						共计：24

（1）试板流程

① 芯板：开料—内层干膜前处理（无微蚀）—内层曝光—内层蚀刻—内层冲孔—压合配板。

② 母板：棕化（J-Bond 050 药水）—压板—铣板边—钻孔—钻孔烘板—等离子体—水平除胶—水平沉铜—板电—板电检孔—外层前处理—外层曝光—外层酸性蚀刻—外层 AOI —阻焊—字符喷墨—铣板—电子测试—插损测试—包装。

（2）信号层芯板规格

① 0.25 mm（H/H）_RTF_T/C（2116×2）。

② 全铜屏蔽层 0.50 mm（1/1）_T/C（2116×4）。

（3）差分双线 3/8 in 线长设计

① 设计屏蔽过孔及孔 PAD；

② 对四组不同线宽 / 间距（W/S）组合采用曝光机进行测试，对比显影及蚀刻后线宽精度与损耗值。

（4）单元内外层布线

单元内外层布线如表 4.8 所示。

表 4.8　单元内外层布线

单元布线	线路设计 TW01		线路设计 TW02		线路设计 TW03		线路设计 TW04	
L1 层	(W/S)/mil	铜	(W/S)/mil	铜	(W/S)/mil	铜	(W/S)/mil	铜
	3.5/3.2		4.5/3.5		5.5/4.5		6.5/5.5	
L2 层	铜	(W/S)/mil	铜	(W/S)/mil	铜	(W/S)/mil	铜	(W/S)/mil
		3.5/3.2		4.5/3.5		5.5/4.5		6.5/5.5
L3 层	屏蔽层	屏蔽层	屏蔽层	屏蔽层	屏蔽层	屏蔽层	屏蔽层	屏蔽层
L4 层	屏蔽层	屏蔽层	屏蔽层	屏蔽层	屏蔽层	屏蔽层	屏蔽层	屏蔽层
L5 层	(W/S)/mil	铜	(W/S)/mil	铜	(W/S)/mil	铜	(W/S)/mil	铜
	3.5/3.2		4.5/3.5		5.5/4.5		6.5/5.5	
L6 层	铜	(W/S)/mil	铜	(W/S)/mil	铜	(W/S)/mil	铜	(W/S)/mil
		3.5/3.2		4.5/3.5		5.5/4.5		6.5/5.5
测试面	C 面	S 面	C 面	S 面	C 面	S 面	C 面	S 面
说明	采用平行曝光机和 DI 曝光机测试，两款型号试板在同一机台上使用相同参数生产							

注释：1 mil =0.0254 mm。

4. 实验方案

① 为减小流程差异及层压介质厚度影响，采用 6 层板对称层压结构设计，测试板叠构如

图 4.11 所示。

层标识	设计要求（oz/mil）	铜箔类型
	层叠图示	
L1	0.5 oz	HVLP
	Core（2116×2）	
L2	0.5 oz	HVLP
	PP（2116×2）	
L3	1.0 oz	HVLP
	Core（2116×4）	
L4	1.0 oz	HVLP
	PP（2116×2）	
L5	0.5 oz	HVLP
	Core（2116×2）	
L6	0.5 oz	HVLP

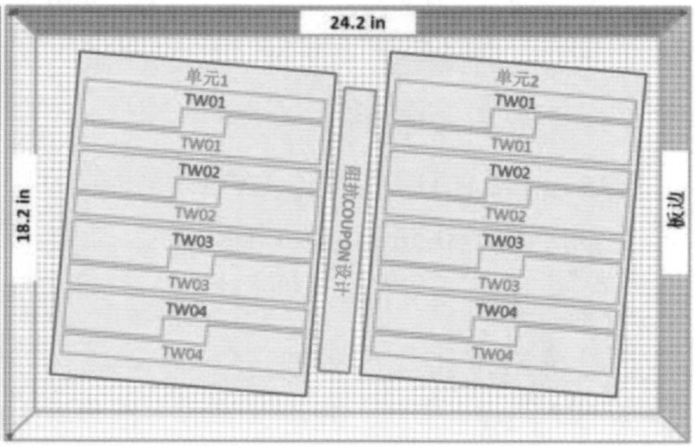

图 4.11 测试板叠构

注释：1 mil =0.0254 mm；1 oz =35μm；1 in =2.54 cm。

② 在外层蚀刻制作 COUPON 测试标记，包括测试层次、线宽、线长等信息以区分不同测试点要求，防止插损测试数据录入混淆，其他工序按流程正常控制，测试图形如图 4.12 所示。

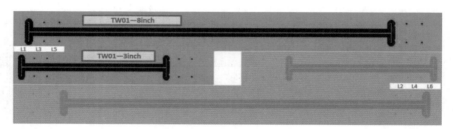

图 4.12 测试图形

4.2.3 不同曝光方式对线路的影响

1. 实验因子设置

两款测试型号分别为 D06055958 和 D06055959 的板材，除了板材其他设计要求完全相同，同一型号采用相同产线生产，在试板过程中，生产机台及关键参数如表 4.9 所示。

表 4.9 生产机台及关键参数

序号	型号		D06055958A		D06055959A	
	主要生产参数		R-5785（N）板材		TU-933 板材	
1	内层前处理	速度：4.0 m/min	P1.D 内层 1# 前处理线		P1.D 内层 1# 前处理线	
2	内层曝光	曝光能量：6 级盖膜	14#DI 曝光机	12# 平行曝光机	14#DI 曝光机	12# 平行曝光机

序号	型号		D06055958A	D06055959A
	主要生产参数		R-5785（N）板材	TU-933 板材
3	内层蚀刻	显影速度：4.0 m/min 蚀刻速度（根据铜箔厚度和线宽进行调整）	内层 7# DES 线 蚀刻速度 5.1 m/min	内层 7# DES 线 蚀刻速度 4.9 m/min
4	棕化	J-B0nd 050 棕化药水 速度：4.5 m/min	层压 8# 棕化线 微蚀量：1.261 μm/cycle	层压 8# 棕化线 微蚀量：1.148 μm/cycle
5	层压	压机及压合程序①	4# 压机，5004 程序	4# 压机，5001 程序
6	电镀	板电参数②	3#VCP 线 12 ASF × 100 min	3# 脉冲线 18 ASF × 72 min
7	外层前处理	前处理速度：2.0 m/min	3# 前处理：2.0 m/min	4# 前处理：2.0 m/min
8	外层曝光	曝光能量：7 级盖膜	8#DI 曝光机　　2# 平行曝光机	8#DI 曝光机　　2# 平行曝光机
9	外层蚀刻	蚀刻速度（根据铜箔厚度和线宽进行调整）③	2# 真空蚀刻线：5.1 m/min	2# 真空蚀刻线：4.3 m/min
10	背钻	Stub 长度 ≤ 12 mil	919# 背钻机台	923# 背钻机台
11	插损测试	高频插损测试	PNA 网分析 + 连接器及高频测试线缆	

注释：1 mil=0.0254 mm。

说明：

① 压合程序按照板材制作指示，R-5785（N）选用 5004 程序，TU-933 选用 5001 程序生产。

② 受板电工序保养及 VCP（Vertical Conveyor Plating，垂直连续电镀）板电排队影响，临时调整为 3# 脉冲电镀生产。

③ 按外层待蚀刻铜箔厚度分布，调整蚀刻参数生产。

2. 不同曝光机生产线宽对比

内层线宽对比如表 4.10 所示，由该表可知，分别采用平行曝光机和 DI 曝光机生产，两款型号板材内层蚀刻线宽约偏小 2 ~ 7 μm，在两款型号板材待蚀刻铜箔厚度及蚀刻参数基本一致条件下，线宽差异主要受曝光过程影响。

表 4.10　内层线宽对比

采用不同曝光机生产对内层线宽的影响 / μm		D06055958A				D06055959A			
		线宽 / mil							
		3.5 mil	4.5 mil	5.5 mil	6.5 mil	3.5 mil	4.5 mil	5.5 mil	6.5 mil
内层（铜箔厚度为 15 ~ 17 μm）	设计值	89	114	140	165	89	114	140	165
	DI 曝光机线宽	87	114	146	170	86	116	145	169
	平行曝光机线宽	93	120	149	172	93	122	150	171
内层成品线宽差异（平行曝光机和 DI 曝光机）/ μm		6	6	3	2	7	6	5	2

铜箔厚度及蚀刻参数							
内层铜箔厚度 / μm	14.9	15.8	15.4	16.0	15.7	16.3	16.7	15.9
内层蚀刻速度 / (m/min)	5.1				4.9			

注释：1 mil=0.0254 mm。

基于内层蚀刻过程线宽对比情况，在正片显影线烘干板面后，测量外层待蚀刻线宽并在蚀刻后测量蚀刻量。外层线宽对比如表 4.11 所示。由表 4.11 可知，两款型号板材外层显影后，采用 DI 曝光机生产的待蚀刻线宽均偏小 1 ~ 4 μm；D06055958A 型号板材外层显影后，采用 DI 曝光机生产的待蚀刻线宽偏小 3 ~ 4 μm。此时待蚀铜箔厚度为 30 ~ 35 μm，按照 5.1 m/min 的蚀刻速度生产，采用 DI 曝光机生产的蚀刻量较采用平行光曝光机生产的蚀刻量大 4 ~ 9 μm，导致采用 DI 曝光机生产的成品线宽相对于采用平行曝光机生产的成品线宽进一步变小。

D06055959A 型号板材外层显影后，采用 DI 曝光机生产的待蚀刻线宽较采用平行曝光机生产的待蚀刻线宽偏小 1 ~ 2 μm。此时待蚀铜箔厚度为 35 ~ 40 μm，按照 4.3 m/min 的蚀刻速度生产，采用 DI 曝光机生产的蚀刻量较采用平行光曝光机生产的蚀刻量小 3 ~ 6 μm，故蚀刻后，采用 DI 曝光机生产的成品线宽较采用平行曝光机生产的成品线宽大 2 ~ 4 μm，经分析后可知，是受外层待蚀铜箔厚度及蚀刻参数影响的结果。

表 4.11 外层线宽对比

实验型号		D06055958A				D06055959A			
外层设计线宽 / μm		89	114	140	165	89	114	140	165
DI 曝光机	待蚀线宽 1 / μm	113	141	168	196	110	142	169	190
	蚀刻线宽 1 / μm	88	108	134	158	87	108	133	152
	蚀刻量 1 / μm	25	33	34	38	23	34	36	38
平行曝光机	待蚀线宽 2 / μm	116	145	172	199	112	143	170	191
	蚀刻线宽 2 / μm	95	121	145	168	83	106	131	149
	蚀刻量 2 / μm	21	24	27	31	29	37	41	42
待蚀线宽差异 / μm（平行光机 -DI 曝光机）		3	4	4	3	2	1	1	1
蚀刻量差异 / μm（平行光机 -DI 曝光机）		−4	−9	−7	−7	6	3	5	4
蚀刻线宽差异 / μm（平行光机 -DI 曝光机）		7	13	11	10	−4	−2	−2	−3

续表

铜箔厚度及蚀刻参数							
外层铜箔厚度 / μm	29.1	30.5	30.9	33.4	36.8	39.4	40.2	35.7
外层蚀刻速度 / (m/min)	5.1				4.3			

4.2.4　不同曝光方式插损测试结果对比

1. 内层线路插损对比

采用两种曝光机可生产出不同规格的内层线路，其内层插损测试数据如表 4.12 所示。

表 4.12　内层插损测试数据

型号		D06055958A （M7N 板材）		D06055959A （TU-933 板材）		D06055958A （M7N板材）	D06055959A （TU-933 板材）
生产设备		DI 曝光机	平行曝光机	DI 曝光机	平行曝光机	—	
插损测试频率 / GHz	（线宽 / 线距）/ mil	内层插损测量均值 /（dB/in）				平行光曝光机和 DI 曝光机插损差 /（dB/in）	
14	3.5/3.2	0.7167	0.72	0.6672	0.6733	0.003	0.006
	4.5/3.5	0.6589	0.657	0.6295	0.6239	−0.002	−0.006
	5.5/4.5	0.5795	0.5869	0.5359	0.5458	0.007	0.01
	6.5/5.5	0.5331	0.5289	0.5094	0.5048	−0.004	−0.005
28	3.5/3.2	1.2089	1.223	1.1149	1.1016	0.014	−0.013
	4.5/3.5	1.1332	1.1206	1.0484	1.0299	−0.013	−0.019
	5.5/4.5	1.0252	1.0069	0.9504	0.9453	−0.018	−0.005
	6.5/5.5	0.9369	0.9338	0.8523	0.8501	−0.003	−0.002
40	3.5/3.2	1.6524	1.6363	1.4414	1.4501	−0.016	0.009
	4.5/3.5	1.5211	1.516	1.3597	1.344	−0.005	−0.016
	5.5/4.5	1.376	1.361	1.269	1.2552	−0.015	−0.014
	6.5/5.5	1.2728	1.2661	1.1217	1.1282	−0.007	0.007

注释：1 mil=0.0254 mm；1 in=2.54 cm。

通过对比分别采用平行光曝光机和 DI 曝光机生产的产品的内层插损数据可知，两款测试型号板材的插损各有高低，差异不明显；在 14 GHz 测试频率下，其插损差基本在 0.019 dB/in 以内；在 28 GHz 和 40 GHz 高频条件下，其插损差为 0.010～0.020 dB/in。平行曝光机生产的产品插损相对偏低。内层插损对比如图 4.13 所示。

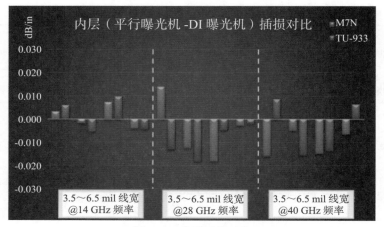

图 4.13　内层插损对比

注释：1 mil=0.0254 mm；1 in=2.54 cm。

2. 外层线路插损对比

采用两种曝光机可生产出不同规格的外层线路，其外层插损测试数据如表 4.13 所示。

表 4.13　外层插损测试数据

型　号	D06055958A（M7N 板材）		D06055959A（TU-933 板材）		D06055958A（M7N 板材）	D06055959A（TU-933 板材）
生产设备	DI 曝光机	平行曝光机	DI 曝光机	平行曝光机	—	
插损测试频率 / GHz　（线宽 / 线距）/ mil	内层插损测量均值 /(dB/in)				平行光曝光机和 DI 曝光机插损差 /(dB/in)	
14　3.5/3.2	0.5497	0.5543	0.5389	0.5521	0.005	0.013
14　4.5/3.5	0.4828	0.4777	0.4791	0.4867	−0.005	0.008
14　5.5/4.5	0.4116	0.412	0.4205	0.4273	0	0.007
14　6.5/5.5	0.3829	0.383	0.3873	0.3951	0	0.008
28　3.5/3.2	0.9136	0.9185	0.8833	0.9002	0.005	0.017
28　4.5/3.5	0.7855	0.7797	0.7842	0.8076	−0.006	0.023
28　5.5/4.5	0.6847	0.6917	0.7089	0.7203	0.007	0.011
28　6.5/5.5	0.6644	0.6527	0.6507	0.6699	−0.012	0.019
40　3.5/3.2	1.1934	1.1692	1.1466	1.1692	−0.024	0.023
40　4.5/3.5	1.0459	1.0252	1.0363	1.0503	−0.021	0.014
40　5.5/4.5	0.9505	0.9393	0.9316	0.9545	−0.011	0.023
40　6.5/5.5	0.8759	0.856	0.8896	0.9127	−0.02	0.023

注释：1 mil=0.0254 mm；1 in=2.54 cm。

对比采用不同曝光机台生产的产品外层插损数据，D06055958A 型号（M7N 板材）在 14 GHz 和 28 GHz 测试频率下，采用平行光曝光机和 DI 曝光机生产的产品插损各有高低，其插损差基本在 0.012 dB/in 以内；在 40 GHz 高频条件下，采用平行曝光机生产的产品插损较采用 DI 曝光机生产的产品插损低 0.011 ～ 0.024 dB/in。D06055959A 型号（TU-933 板材）采用平行曝光机生产的产品插损，在各频率下均大于采用 DI 曝光机生产的产品插损，在 28 GHz 和 40 GHz 频率下，最多偏高 0.023 dB/in。可见，外层线路在采用相同曝光机台生产时，不同型号板材的插损变化规律不同，需综合参考线宽及其他影响因素进行分析。外层插损对比如图 4.14 所示。

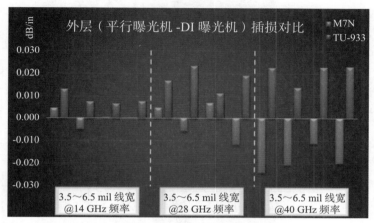

图 4.14　外层插损对比

注释：1 mil=0.0254 mm；1 in=2.54 cm。

3. 材料损耗及其他影响参数对比

检查材料 Dk/Df 未发现超规格情况，芯板铜箔厚度、铜面及棕化处理粗糙度、Core 厚对比无明显差异，分布介质厚度均匀，背钻 Stub 长度满足要求，仅外层铜箔厚度及线宽有轻微差异，关键参数对比如表 4.14 所示。

表 4.14　关键参数对比

序号	关键参数要求	关键参数实测值		实测结果
		D06055958A 型号	D06055959A 型号	
1	材料 Dk： 3.0 ～ 3.4@ 10GHz	3.24/3.28/3.24	3.37/3.33/3.35	合格
2	材料 Df： 0.002 ～ 0.003@10 GHz	0.0024/0.0025/0.0023	0.0030/0.0030/0.0026	合格
3	芯板铜箔粗糙度（来料）	Rz:1.325 μm 比表面积：1.043 m²/g	Rz:1.238 μm 比表面积：1.026 m²/g	合格
4	铜箔毛面粗糙度（蚀刻后板材面）	Rz:2.690 μm	Rz:2.568 μm	合格

序号	关键参数要求	关键参数实测值		实测结果
		D06055958A 型号	D06055959A 型号	
5	棕化粗糙度 Rz 比表面积：1.0 ～ 1.2 m²/g	Rz:3.007 μm 比表面积：1.162 m²/g 	Rz:2.78 μm 比表面积：1.158 m²/g 	合格 合格
6	介质厚度／μm （切片各 3 pcs）	Core：245/241/250 μm PP：260.4/260.6/260.7 μm 	246/249/240 μm PP：260.0/261.4/259.8 μm 	合格 无明显差别
7	铜箔厚度／μm （切片各 3 pcs）	面铜铜箔厚度为 29 ～ 33μm， 均值为 31 μm 	面铜铜箔厚度为 5 ～ 39 μm， 均值为 37 μm 	合格 D06055959A 型号外层面铜偏厚，约为 6 μm（板电不同产线生产）
8	背钻残桩（Stub）≤ 12 mil	在 919# 背钻机台生产，切片测量 Stub 长度为 4 ～ 8 mil	在 923# 背钻机台生产，切片测量 Stub 长度为 4 ～ 8 mil	合格

注释：1 mil=0.0254 mm。

4. 实验小结

（1）对线宽影响分析

① 对于两款型号板材，在内层采用平行曝光机生产线宽均大于采用 DI 曝光机生产线宽，

在相同待蚀铜厚及蚀刻参数条件下，线宽主要受曝光机影响。

② 在外层采用平行曝光机与采用 DI 曝光机生产线宽各有大小，对比外层蚀刻前待蚀干膜线宽，无明显差异，但蚀刻后两种曝光机生产成品线宽相差 2 ～ 13 μm，线宽主要受两款型号板材待蚀面铜箔厚度不同导致蚀刻参数不同的影响，D06055958A 型号面铜箔厚度为 33 μm，蚀刻速度为 5.1 m/min，线宽中值偏大；D06055959A 型号面铜箔厚度为 37 μm，较厚，蚀刻速度为 4.3 m/min，线宽整体偏小。

（2）插损对比分析

① 两款型号板材，其分别采用 DI 曝光机与平行曝光机生产，产品内层插损各有大小，未见明显差异；在 14 GHz 频率下差别＜ 0.010 dB/in，在 28 GHz 和 40 GHz 高频率下两者插损差为 0.002 ～ 0.019 dB/in。

② D06055958A 型号在 40 GHz 高频率下，采用 DI 曝光机生产比采用平行曝光机生产外层插损偏大 0.011 ～ 0.024 dB/in，当频率为 14 GHz 和 28 GHz 时差异不明显；D06055959A 型号在 40 GHz 高频率下，采用 DI 曝光机生产整体插损均低于采用平行曝光机生产整体插损，最多低 0.023 dB/in@40 GHz。

4.2.5　结论

高频板材不同曝光机生产线路插损实验结论如下。

（1）线宽精度结果

① 对于线宽线距 3.5/3.2 mil（1 mil=0.0254 mm）以上线路，D06055958A 和 D06055959A 型号板材内层线路采用 DI 曝光机生产的线宽比采用平行曝光机生产的线宽略小约 4 μm，有轻微差异，但在线宽波动范围内。

② D06055958A 型号板材外层线路线宽采用 DI 曝光机生产较采用平行曝光机生产偏小约 10 μm，D06055959A 型号外层线路线宽采用 DI 曝光机生产较采用平行曝光机生产大 2 ～ 4 μm，曝光机对外层蚀刻线宽无绝对影响，主要受待蚀刻铜箔厚度（外层电镀铜）差异及蚀刻生产药水蚀铜量波动影响。

（2）插损影响结果

① 线宽线距为 3.5/3.2 mil（1 mil=0.0254 mm）以上线路，采用 DI 曝光机生产的产品相比采用平行曝光机生产的产品内层插损未见明显差别，插损最大相差为 0.019 dB/in@28 GHz。

② D06055958A 型号板材的外层插损，采用 DI 曝光机生产较采用平行曝光机生产偏大 0.024 dB/in@40 GHz，D06055959A 型号板材的外层插损采用 DI 曝光机生产较采用平行曝光机生产偏小 0.023 dB/in@40 GHz；采用 DI 曝光机与平行曝光机两种机台生产的产品插损无明显差异，两种曝光路径生产的插损无恒定高低关系。

第 5 章　PCB 先进加工材料介绍

5.1　涂层钻刀和铣刀的应用

全球制造业正朝着绿色生产的方向不断发展，低耗能、低废料、低污染、高生产效能是制造企业不断追求的目标。随着电子产品日趋向轻、薄、短、小和多功能化的发展方向，单板上的器件密度越来越高，线路宽度越来越窄，信号的传输要求越来越严苛。这些变化迫使 PCB 机械钻孔加工不断进行技术创新，以面对孔径越来越小、基板材质标准越来越高的现实。随着 HDI（High Density Interconnector，高密度互连）板（高密度互连板，又称高密度板）、IC 载板、多层板和高 T_g 板，以及以无卤素板材和 5G 产品需求的陶瓷填充材料为代表的难钻削材质的大量引入，PCB 上的钻孔孔数越来越多，越来越密，使钻孔难度加大、效率降低。而钻刀所需要的碳化钨材料等硬质合金资源日趋稀缺，进而导致成本攀升，加大了企业支出。改进微钻已经成为 PCB 机械钻孔加工技术革新的主要内容。如何降低微钻成本、提升微钻钻孔品质、延长微钻使用寿命是 PCB 行业永恒的追求。针对上述需求，业界人士尝试将具有优越性能的复合纳米涂层应用于微钻，目前取得了显著的成效。

5.1.1　PVD 涂层镀膜的原理

PVD（Physical Vapor Deposition，物理气相沉积）技术是在真空度较高的环境下，通过加热或高能粒子轰击的方法使原材料逸出沉积物质粒子（可以是原子、分子或离子），使这些粒子在基片上沉积形成薄膜的技术，该技术的关键在于如何将原材料转变为气相粒子，而非进行 CVD（Chemical Vapor Deposition，化学气相沉积）的化学反应。PVD 涂层镀膜的原理就是在真空室中，氩原子在电场作用下被电离出大量的氩离子和电子，电子飞向基片，氩离子在电场的作用下加速轰击靶材，溅射出大量的靶材原子，呈中性的靶原子（或分子）沉积在加工件表面上成膜（涂层）。二次电子在加速飞向基片的过程中受洛伦兹力的影响，被束缚在靠近靶面的等离子体区域内。在该区域内等离子体密度很高，二次电子在磁场的作用下围绕靶面做圆周运动，该电子的运动路径很长，在运动过程中不断撞击电离出大量的氩离子轰击靶材，经过多次的碰撞后，电子的能量逐渐降低，摆脱磁力的束缚，远离靶材，最终沉积在加工件表面上，电子能量的衰弱是磁控溅射沉积升温低的主要原因。涂层炉设备示意图如图 5.1 所示。

通过对磁控管的改进，将其某一磁极的磁场相对于另一极性相反磁极的磁场增强或减弱，形成磁场分布的不对称性。这样可在保证靶面水平磁场分量有效地约束二次电子运动，维持稳定的磁控溅射放电的同时，另一部分电子沿着强磁极产生的垂直靶面的纵向磁场，逃逸出靶面飞向涂层镀膜区域。这些飞离靶面的电子还会与中性粒子发生碰撞并电离，进一步提高涂层镀膜空间的等离子体密度，有利于提高沉积速率。

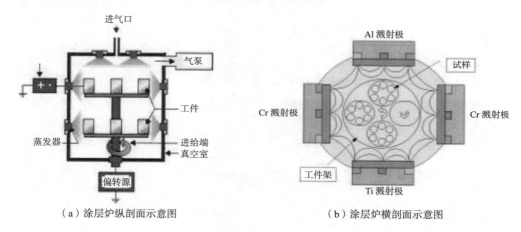

（a）涂层炉纵剖面示意图　　　　　　（b）涂层炉横剖面示意图

图 5.1　涂层炉设备示意图

磁控管在工作时，在磁控管前面的磁阱区有一块特别明亮的区域，这是由于电子与氩（Ar）气相互作用，氩（Ar）气被激发，电子跃迁到基本态，释放出光子，这种带电离子辉光团就是等离子体。

磁控管在工作时，通常在靶材上施加负的几百伏的脉冲偏压，吸引氩（Ar）离子以极高的速度轰击靶材表面，发生以下两个重要的过程。

① 靶材表面的原子被氩（Ar）离子轰击出来，产生溅射。原子呈电中性，可以直接冲出磁势阱，不受磁场的约束，这些原子被轰击并沉积在工件表面形成致密的涂层，涂层截面的 SEM 图片如图 5.2 所示。

② 靶材表面溅射出电子，电子是呈电负性的亚原子微粒，会被磁势阱俘获，在磁势阱内被回旋加速，继而轰击这一区域的氩（Ar）原子，从而电离出越来越多的氩（Ar）离子。溅射过程开始后便会产生越来越多的氩（Ar）离子，使辉光放电得以自持，溅射过程持续不断。

大量高能粒子的轰击会导致靶材和磁控管的温度升高，为了给工作中的磁控管降温，在磁控管中设计了水冷槽。非平衡磁控溅射系统具有良好的可操作性，通过调整磁控管中磁体的型号和强度，不但可以有效地控制溅射过程，而且还可以控制磁势阱中等离子体的数量。

在溅射过程中，在被镀工件表面附近产生了一层高密度的等离子体，由于这层等离子体的存在，将产生一个指向工件表面的加速电场，为等离子体中的（Ar）离子提高能量，使其冲出磁势阱，轰击正在生长的涂层，从而增加了涂层的密度和结合强度。

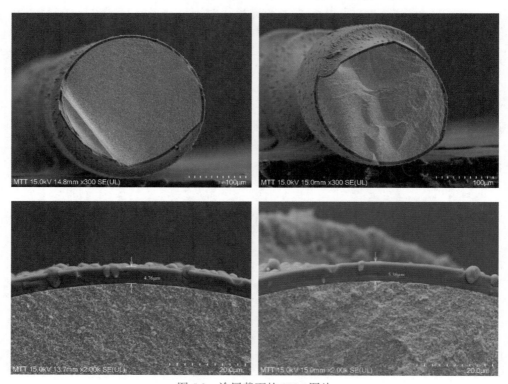

图 5.2　涂层截面的 SEM 图片

5. 1. 2　磁控溅射离子镀技术优势

① CFUBMSIP（Close Field UnBalanced Magnetron Sputter Ion Plating，近场非平衡磁控溅射离子镀）技术使涂层镀膜过程中离子电流密度得到显著提高，极大地提高了成膜（涂层）效率。

② 在涂层镀膜过程中加偏压形成离子镀，使得膜基结合力大幅提高，涂层的致密度好。

③ 涂层可设计性强，几乎所有材料都可用来作为溅射的靶材，在氧、氮、碳氢化合物的参与下，可制备出满足不同性能要求的复合涂层。

④ 涂层沉积温度低，可在室温以上至基体组织转变点以下温区实施。

⑤ 涂层沉积厚度在微米量级精确控制，满足精密制品基材性能和尺寸精度不变的工艺

要求。

⑥ 磁控溅射离子镀复合金属涂层，采用贵金属 Mo、Cr、Ti、Al 作溅射极，使用纳米晶格梯镀技术形成的涂层具备较好的高温和物理稳定性——高熔点、高硬度、高热导率、低热膨胀系数，在空气中温度为 1000℃，在真空中温度达到 1400℃ 时仍可保持稳定。

5.1.3　PVD 涂层镀膜在 PCB 钻刀上的应用优势

① 涂层使钻刀自润滑性提高，摩擦系数降低，钻孔过程扭力减少，在可控范围内，可以适当加长最小孔径钻刀刃长，从而达到提高钻孔叠层数，大幅度提高钻孔产能和降低成本的目的。

② 使用寿命提高 2～4 倍（根据钻刀基材和工艺而异），直接降低了生产成本；涂层增加了钻刀的重复使用次数，从而减少了新钻刀总需求量，大幅降低了钻刀研磨成本。

③ 增加涂层后钻刀摩擦系数大幅降低，排屑更顺畅，断钻率降低，使钻机钻孔速度提高，从而提高了效率。

④ 增加涂层后钻刀表面材料颗粒度降低，光洁度提高，有助于减少切屑刃崩缺现象，从而改善了孔壁粗糙度，减少了内层钉头现象。

⑤ 增加涂层后钻刀摩擦系数大幅下降，发热量减少，有利于减轻钻孔电路板树脂焦渣程度。

⑥ 可有效减少因更换钻刀引起的钻机闲置时间，提高生产效率。

⑦ 可使涂层表面硬度大幅度提高，扩大了可加工的材质范围（原先无法加工的材质，通过给钻刀增加涂层后，其可加工性提高）。

5.1.4　涂层钻刀产品系列

针对不同板材，不同的工艺要求，有不同的涂层镀膜相匹配，涂层钻刀产品系列如表 5.1 所示。

表 5.1　涂层钻刀产品系列

涂层系列	C 型 耐磨型	ACH 型 耐磨型	HTV 型 耐磨型	HTF 型 耐磨型	D 型 润滑型	DV 型 润滑型	DLC 型 综合型	备注
应用场景	铝基、铜基、厚铜板（中大钻头）	普通 T_g 板材、无卤板材（中大钻头）	无卤板材、普通 T_g 板材（微小钻头）	多层次、厚板厚、大厚径比场景（微小钻头）	PI 板材、陶瓷板材、PTFE 板材	BT 板材、封装基板、软硬结合板材、M4/M6/M8 板材（极微钻头）	S7135D、5G 类板材	

涂层系列	C 型 耐磨型	ACH 型 耐磨型	HTV 型 耐磨型	HTF 型 耐磨型	D 型 润滑型	DV 型 润滑型	DLC 型 综合型	备注
表面硬度 （HV）	3200～3500	3100～3300	3300～3600	3500～4000	3100～3300	3200～3500	5000～6000	碳化钨 的 HV 为 1800
颗粒大 小／nm	3～5	3～5	3～5	3～5	3～5	3～5	3～5	纳米 板材
摩擦系数	＜0.25	＜0.22	＜0.20	＜0.20	＜0.20	＜0.20	0.06→0.10	
涂层厚 度／μm	0.5→3.5	0.5→5.0	0.5→2.5	0.5→2.5	0.5→1.5	0.5→2.0	0.5→1.5	可在 范围内 调整
涂层特性	可导电， 导热性好	可导电， 排屑性较好	可导电， 表面光洁度高	可导电， 表面光洁度高	可导电， 排屑性好， 表面光洁度 高，加工温 度低	可导电， 排屑性好， 表面光洁度 高，加工温 度低	可导电， 表面光洁度 高，耐磨性 好，加工温 度低	

5.1.5 涂层镀膜在通信产品 PCB 中的应用

1. 提升钻刀寿命，降低生产成本

我们以一家有 310 台钻机，合计 1860 个主轴的 PCB 厂为例来说明使用了涂层镀膜钻刀提高钻孔寿命后的效益提升情况。其中，每天加工时间为 1440 分钟，每月按照 30 天计算，钻机效率为 270 孔／分钟，区间钻刀用量占比为 92%，平均研磨次数为 5 次。

① 普通钻刀机台稼动率按 90% 计算，涂层钻刀按 92% 计算，效益提升 2%。

② 钻刀价格按 1.90 元／支计算，研磨费按 0.08 元／支计算，涂层费按 1.0 元／支计算。

③ 钻刀用量估算方法如下。

• 普通钻刀月用量＝月度时间（分钟）× 稼动率 × 钻机效率 × 总轴数 ÷ 钻刀寿命 × 区间钻刀用量占比 ÷ 平均研磨次数＝1440 × 30 × 90% × 270 × 1860 ÷ 2200 × 92% ÷ 5。

• 涂层钻刀月用量＝月度时间（分钟）× 稼动率 × 钻机效率 × 总轴数 ÷ 钻刀寿命 × 区间钻刀用量占比 ÷ 平均研磨次数＝1440 × 30 × 92% × 270 × 1860 ÷ 4500 × 92% ÷ 5。

（1）普通钻刀钻孔寿命（普通 T_g 材料）

对于普通板材，0.20 mm 钻刀可以研磨 3 次，每个研磨次数钻刀寿命设定为 2200 孔，每一支新钻刀总钻孔数为 8800，表 5.2 给出了普通钻刀钻孔寿命。

表 5.2　普通钻刀钻孔寿命

钻嘴直径 / mm	钻孔寿命设定 / 孔								总寿命 / 孔
	M0	M1	M2	M3	M4	M5	M6	M7	
0.20	2200	2200	2200	2200	—	—	—	—	8800
0.25	2200	2200	2200	2200	2200				11000
0.275	2200	2200	2200	2200	2200				11000
0.30	2200	2200	2200	2200	2200	2200	2200		17600
0.35	2300	2300	2300	2300	2300	2300	2300	2300	18400

（2）涂层钻刀钻孔寿命（普通 T_g 材料）

对于普通板材，0.20 mm 涂层钻刀可以研磨 3 次，涂层钻刀每个研磨次数钻刀寿命设定为 4500 孔，每一支新钻刀总钻孔数为 18000，表 5.3 给出了涂层钻刀钻孔寿命。

表 5.3　涂层钻刀钻孔寿命

钻嘴直径 / mm	钻孔寿命设定 / 孔								总寿命 / 孔
	M0	M1	M2	M3	M4	M5	M6	M7	
0.20	4500	4500	4500	4500	—	—	—	—	18000
0.25	4500	4500	4500	4500	4500				22500
0.275	4500	4500	4500	4500	4500				22500
0.30	4500	4500	4500	4500	4500	4500	4500	4500	36000
0.35	4500	4500	4500	4500	4500	4500	4500	4500	36000

（3）钻刀新针用量分析

① 单只普通钻刀寿命为 2200 孔，平均研磨次数 5 次，钻机效率为每分钟 270 孔，钻机稼动率为 90%，区间钻刀用量占比为 92%，共计 310 台钻机，钻机为 6 轴，共计 1860 轴，每天加工时间为 1440 分钟，每月按照 30 天计算，则普通钻刀月用量可计算如下：

普通钻刀月用量 = 月度时间（分钟）× 稼动率 × 钻机效率 × 总轴数 ÷ 钻刀寿命 × 区间钻刀用量占比 ÷ 平均研磨次数 =1440 × 30 × 90% × 270 × 1860 ÷ 2200 × 92% ÷ 5=1633045 支。

② 普通钻刀采购金额 =1633045 支 × 1.90 元 / 支 =3102786 元。

③ 单只涂层钻刀寿命为 4500 孔，平均研磨次数为 5 次，钻机效率为每分钟 270 孔，钻机稼动率为 92%，区间钻刀用量占比为 92%，共计 310 台钻机，钻机为 6 轴，共计 1860 轴，每天加工时间为 1440 分钟，每月按照 30 天计算，则涂层钻刀月用量可计算如下：

涂层钻刀月用量 = 月度时间（分钟）× 稼动率 × 钻机效率 × 总轴数 ÷ 钻刀寿命 × 区间钻刀用量占比 ÷ 平均研磨次数 =1440 × 30 × 92% × 270 × 1860 ÷ 4500 × 92% ÷ 5=816119 支。

④ 涂层钻刀采购金额 = 816119 支 × (钻刀价格 1.90 元 / 支 + 涂层价格 1.0 元 / 支) = 2366745 元。

钻刀用量分析如表 5.4 所示，由该表可知，每月钻刀采购节约的成本 = 3102786 元 - 2366745 元 = 736041 元。

表 5.4　钻刀新针用量分析

钻刀直径 / mm	普通钻刀支数 / 月	涂层钻刀支数 / 月	节约钻刀支数 / 月	节约成本元 / 月
0.20 ～ 0.35	1633045	816119	816926	736041
合计金额 / 元	3102786	2366745	—	

（4）钻刀研磨数量估算

① 采用普通钻刀，每月研磨支数 = 普通钻刀月用量 × 普通钻刀研磨次数 =1633045 支 × 5= 8165225 支。

② 改用涂层钻刀，每月研磨支数 = 涂层钻刀月用量 × 涂层钻刀研磨次数 =816119 支 × 5= 4080595 支。

③ 改用涂层钻刀，每月节约钻刀研磨支数 = 8165225-4080595 支 = 4084630 支。

④ 改用涂层钻刀，每月节约钻刀研磨费用 = 4084630 × 0.08 元 / 支 = 326770 元。

钻刀研磨数量分析如表 5.5 所示。

表 5.5　钻刀研磨数量分析

钻刀直径 / mm	普通钻刀研磨支数 / 月	涂层钻刀研磨支数 / 月	节约钻刀研磨次数	节约成本元 / 月
0.20 ～ 0.35	8165225	4080595	4084630	326770
合计金额 / 元	653218	326448	—	

（5）节约的钻孔时间及提高的效率估算

月度钻刀更换次数 = 月度时间（分钟）× 钻机效率 × 机台稼动率 × 钻机数量 ÷ 钻针寿命，按照 310 台钻机计算，普通钻刀月度换刀次数 =1440 × 30 × 270 × 0.90 × 310 ÷ 2200= 1479207 次。

涂层钻刀钻孔寿命（4500 孔）较普通钻刀（2200 孔）提高 1 倍以上，按 310 台钻机计算，则月度换刀次数 =1440 × 30 × 270 × 0.9 × 310 ÷ 4500=739238 次，月度可以节省钻刀更换次数 1479207 次 -739238 次 =739969 次。按每次换钻需要用时 25 秒计算，每月可以节省换钻时间 = 739969 × 25 ÷ 3600= 5139 小时，相当于 7.1 台钻机的月加工时间，换算成钻机效率，提升约 2.29%（7.1/310 台）。

（6）小结

某 PCB 厂有 310 台钻孔机，如果用量占比 80% 的 0.20 ～ 0.35 mm 钻刀使用涂层钻刀，每月可节省生产成本≈钻刀采购节约成本 + 钻刀研磨节约成本 =736041+326770=1062811 元，钻机效率提升约 2.29%。

2. 降低隐性成本，提升生产效率

除了上述减少的显性成本，涂层镀膜也可以减少其他隐形成本，具体如下所述。

① 在钻同等钻孔数条件下，可减少 1/2 以上的翻磨工作量。

② 因断针率下降，减少了因此而需要停机处理的时间。

③ 因成孔质量提高，减少了返工和修板的损失。

④ 可以加工以前无法加工的材料，优势明显。

⑤ 可以通过增加刃长，提高叠板数量，以大幅提升生产效率。

（1）样品准备

① 钻刀：所采用的微钻为 UC 型钨钴硬质合金微钻，其结构如图 5.3 所示（单位：mm），钻头直径 d=0.275 mm，刃长 L=6.0 mm（加长刃，常规为 5.2 ～ 5.5 mm），钻头角为 130°。

图 5.3　钻刀结构

② PCB 样品：PCB 样品基本参数如表 5.6 所示，测试 PCB 的叠层数由之前的 2 块 / 叠增加到 3 块 / 叠，采用日立 S200K 钻机。

表 5.6　样品基本参数

板材	T_g/℃	层数	单板铜箔厚度 / oz	单板板厚 / mil	生产叠数
南亚 NPG-150N	150	8	7	57	3

注释：1 mil=0.0254 mm；1 oz=35 μm。

（2）寿命到期后的钻刀和钻孔品质状况

0.275 mm 钻刀每次寿命设 3000 孔，使用 4 次，可钻 12000 孔，因为钻刀涂层后切屑刃口有涂层保护，有效地降低了钻刀刃口的磨损，减少了钻刀刃口崩缺的产生。由于涂层表面光滑，钻孔摩擦系数因此而降低，从而抑制了 PCB 钻孔钉头的产生（钉头控制在 1.5 倍），使孔粗值降低（孔粗值＜ 1.0 mil）（1 mil=0.0254 mm）。0.275 mm 涂层钻刀钻 12000 孔后钻刀和孔的品质状况如图 5.4 所示。

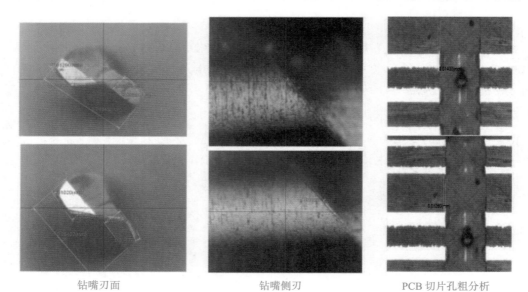

| 钻嘴刃面 | 钻嘴侧刃 | PCB 切片孔粗分析 |

图 5.4　0.275 mm 涂层钻刀钻 12000 孔后钻刀和孔的品质状况

（3）增加产能分析

以生产单板尺寸 17.4 in × 23.87 in（合 2.884 ft²）（1 in=2.54 cm，1 ft²=144 in²）为例对产能进行分析。

① 普通钻刀由于受加工性能影响，只能进行 2 块／叠生产，单机日产能＝（每天 1440 分钟）×（机器稼动率 90%）／（一趟板 200 分钟）×（6 个主轴）×（2 块／叠）×（2.884 ft²／板）＝224.28 ft²。

② 涂层钻刀由于摩擦系数降低了，表面硬度提高了，整体刚性加强，使增加钻孔板叠片数成为可能，从整体品质要求与产能效率考虑，可执行表 5.7 中给出的 3 种方案，产能分析如表 5.7 所示。

表 5.7　产能分析

钻嘴类型	生产叠数	钻嘴寿命设定	生产周次时间（分钟）	机器稼动率	单机日产能／ft²	提升率
普通钻嘴	2 块／叠	2000	200	90%	224.28	—
涂层钻嘴	3 块／叠	2000	222	90%	303.09	↑ 35.14%
		3000	219	90%	307.21	↑ 36.98%
		3500	218	90%	308.61	↑ 37.60%

注释：1 ft²=0.09290304 m²。

a. 只增加叠片数，在钻刀寿命不增加的情况下，由于钻孔加工厚度的增加，钻机主轴行程距离变长，单趟板加工时间由 2 块／叠的 200 分钟增加到了 3 块／叠的 222 分钟／趟，按照①给出的产能计算方法，可以算出单机日产能为 303.09 ft²，产能提升率 =（303.09-224.28）/224.28=35.14%。

b. 在客户产品品质要求许可的情况下，将涂层钻刀寿命由 2000 增加到 3000 孔，适当调整钻孔参数（综合每趟板因换钻次数减少节省的时间，机器稼动率仍控制在 90%），按照①给出的产能计算方法，可以算出单机日产能为 307.21 ft²，产能提升率 =（307.21-224.28）/224.28=36.98%。

c. 在客户产品品质要求许可的情况下，将涂层钻刀寿命由 2000 增加到 3500 孔，适当调整钻孔参数（综合每趟板因换钻次数减少节省的时间，机器稼动率仍控制在 90%），按照①给出的产能计算方法，可以算出单机日产能为 308.61 ft²，产能提升率 =（308.61-224.28）/224.28=37.60%。

3. 提升钻孔孔壁质量

普通碳化钨钻刀经过涂层后，在钻孔加工过程中，由于涂层的致密性与耐磨损性，有效地降低了钻孔切屑温度，保护了钻刀切屑刃口；小摩擦系数减少了钻孔胶渣的产生，降低了孔壁灯芯长度及树脂白化现象、孔钉头、断钻等产生的概率；锋利的刃口保证了孔壁粗糙度控制在 0.8 mil（1 mil=0.0254 mm）以内、孔钉头 < 1.5 倍。

5.1.6　涂层镀膜在基板封装微钻技术中的应用

除了传统通信产品，针对 BT 材料封装基板 BGA 应用开发了具有优越性能的复合纳米涂层镀膜，该涂层镀膜具备超高硬度、超耐磨性，以及摩擦系数小、热传导性优良等特性。经测试，其硬度可达到 3500 HV 以上，而摩擦系数可降低至 0.20 以内。现已成功应用于 BGA 0.05 ~ 0.15 mm 专用微型钻刀产品。经过生产厂家的批量使用后证实，采用该技术的涂层钻刀，其使用寿命较未加涂层时成倍提高，可以大幅提高生产效率，直接降低了物耗成本，同时能在多方面改善加工品质。

对于斗山无卤板材 DS-7409HGB，涂层钻刀（孔限设为 6000 孔）比普通钻刀（白刀，无涂层）寿命（原孔限设为 2500 孔）提高 2.4 倍，孔位精度 CPK、钻孔钉头、孔壁粗糙度均达要求，断钻率明显下降，涂层钻刀和白刀性能对比如表 5.8 所示。

表 5.8 涂层钻刀和白刀性能对比

项目		管制指标与标准									断钻率 < 1000ppm（10^{-3}）	判定
		CPK > 166			钉头 < 1.48 倍			粗糙度 < 0.6 mil				
钻针	研次	avg	max	min	avg	max	min	avg	max	min		
无涂层 2500 孔	新品	2.51	3.32	2.11	1.16	1.29	1.11	0.09	0.20	0.05	800	合格
	研一	2.22	2.39	1.92	1.19	1.29	1.11	0.11	0.14	0.09	872	合格
	研二	2.52	3.05	1.86	1.15	1.24	1.03	0.13	0.15	0.11	960	合格
	平均	2.42	2.92	1.96	1.17	1.27	1.08	0.11	0.16	0.08	877	合格
涂层 6000 孔	新品	2.46	3.31	2.01	1.20	1.26	1.15	0.10	0.16	0.06	600	合格
	研一	2.17	2.43	1.96	1.14	1.32	1.18	0.08	0.10	0.06	793	合格
	研二	2.37	2.69	2.05	1.14	1.26	1.05	0.12	0.14	0.09	928	合格
	平均	2.34	2.81	2.01	1.18	1.28	1.13	0.10	0.13	0.07	774	合格

注释：1 mil=0.0254 mm。

5.1.7 涂层铣刀的应用

1. 涂层铣刀产品系列

针对不同板材，不同的工艺要求，会有不同的铣刀涂层镀膜相匹配，涂层铣刀镀膜产品系列如表 5.9 所示。

表 5.9 涂层铣刀镀膜产品系列

涂层系列	ATG 型 耐磨型	ACH 型 耐磨型	HTA 型 耐磨型	D 型 润滑型	DV 型 润滑型	DLC 型 综合型	备注
应用场景	铝基 铜基	普通 T_g 板材 无卤板材	无卤板材 高 T_g 板材 多填充板材 厚铜板	PI 板材 陶瓷板材 PTFE 板材	BT 板材 封装基板 软硬结合板材 M4/M6/M8 板材	S7135D 5G 类板材	
表面硬度 （HV）	3200 ～ 3500	3100 ～ 3300	3300 ～ 3600	3100 ～ 3300	3200 ～ 3500	> 6000	碳化钨 HV 为 1800
颗粒大小 / nm	3 ～ 5	3 ～ 5	3 ～ 5	3 ～ 5	3 ～ 5	3 ～ 5	纳米板材
摩擦系数	< 0.25	< 0.22	< 0.20	< 0.20	< 0.20	0.06 → 0.10	
涂层厚度 / μm	0.5 → 3.5	0.5 → 5.0	0.5 → 5.0	0.5 → 1.5	0.5 → 2.0	0.5 → 1.5	可在范围 内调整
涂层特性	可导电， 导热性好	可导电，排 屑性较好	可导电、表面 光洁度高，耐 磨性好	可导电、排 屑性好、表 面光洁度高	可导电、排屑 性好、表面光 洁度高	可导电、表面 光洁度高，耐 磨性好	

2. 涂层铣刀应用情景

① 一次铣：仅在铜板上铣槽位时，涂层铣刀寿命在原普通铣刀的基础上提高 2 ～ 3 倍，而且涂层刀具用研磨二次的焊接刀同样可以达到整体钨钢刀的要求。

② 控铜基板：当铣纯铜与陶瓷材料混压板时，涂层洗刀比原普通刀具寿命提高 2 ～ 3 倍，机台移动速度可提高 20% ～ 50%，使生产成本下降、产能大幅度提高。

③ 线路板内槽加工及周边成型：涂层刀具在寿命提高 3 ～ 4 倍的基础上，刀径变化小于 40 μm，切屑槽内无明显残胶，加工板材的尺寸稳定性好。

3. 涂层铣刀应用案例分析

从涂层铣刀与白刀（非涂层铣刀）进行的实际加工比对实验看，各组寿命下内槽与外形的精度均符合要求，涂层铣刀与白刀性能对比如表 5.10 所示。从实测资料分布看，涂层铣刀加工尺寸与白刀相比，标准差更小，证明尺寸值的分布更集中，且新旧刀差异更小。寿命在 0 ～ 40 m 时，其加工的外形尺寸和单元尺寸 CPK 状况均达到 1.33 以上，整体尺寸稳定性更好。

表 5.10　涂层铣刀与白刀性能对比

单元尺寸						
刀具寿命 / m	尺寸规格值 / mm	涂层铣刀加工尺寸			白刀（非涂层铣刀）加工尺寸		
		平均值 / mm	标准差	CPK	平均值 / mm	标准差	CPK
0 ～ 10	0.8661	0.8663	0.0007	2.181	0.8652	0.0011	1.266
0 ～ 20		0.8664	0.0008	2.047	0.8659	0.0014	1.144
0 ～ 30		0.8666	0.0008	1.802			
0 ～ 40		0.8667	0.0009	1.708			
外形尺寸						
刀具寿命 / m	尺寸规格值 / mm	涂层铣刀			白刀（非涂层铣刀）		
		平均值 / mm	标准差	CPK	平均值 / mm	标准差	CPK
0 ～ 10	2.201	2.1993	0.00076	1.4442	2.199	0.00097	1.0251
0 ～ 20		2.1997	0.00091	1.3615	2.1994	0.00117	0.9643

4. 涂层铣刀效益分析

（1）铣刀用量减少带来的收益

涂层铣刀寿命一般为普通铣刀寿命的 3 倍左右，一厂家月用 10 万支普通铣刀（1.2 ～ 1.6 mm），按 4.50 元 / 支计算，每月铣刀支出费用为 45 万元。如使用涂层铣刀，则每月只需要铣刀 4 万支，涂层＋铣刀价格约为 8.5 元 / 支，则每月铣刀支出费用约为 34 万元，节省约为 24%。

（2）涂层刀具加工参数与叠板数提升

① 涂层刀具铣板速度可在原基础上提高 25%，产能可增加约 15%。

② 涂层刀具可以在常规刀长的基础上加长，由此提高了加工叠板数，增加产能 10%。以上两项可以选择性提高，可提高产能约为 10% ～ 15%。

5.1.8 涂层钻刀和铣刀的风险管控措施

① 为了更好地区分涂层刀具（钻刀或铣刀）与普通刀具（钻刀或铣刀），在刀具（钻刀或铣刀）盒外包装箱标签上贴醒目标识"涂层"字样贴，让作业员在取换刀具（钻刀或铣刀）时能即时看到，针对涂层刀具（钻刀或铣刀），按照规范要求使用。刀具（钻刀或铣刀）外包装如图 5.5 所示。

图 5.5　刀具（钻刀或铣刀）外包装

② 为区分涂层加工与刀具（钻刀或铣刀）本体的质量风险，针对每批次涂层刀具（钻刀或铣刀），要求涂层供应厂在涂层前和涂层后分别留样，如果 PCB 厂家在使用刀具（钻刀或铣刀）过程中出现异常，可以通过与留样刀具（钻刀或铣刀）对比分析确定责任方。

③ 经过刀具涂层厂家长期的应用研究与反复验证使用，目前刀具（钻刀或铣刀）涂层技术已逐渐趋向成熟并形成体系标准。国内许多企业已经通过应用刀具（钻刀或铣刀）涂层技术解决了孔壁品质问题，降低了钻孔生产成本，形成有利的竞争优势。

5.1.9 结论

① 经过刀具涂层厂家长期的应用研究与反复验证使用，刀具涂层技术已逐渐趋向成熟并形成体系标准。

② 采用涂层钻刀和铣刀可以大幅减少钻刀和铣刀的使用数量，简化钻刀和铣刀的管理复杂度。

③ 涂层钻刀和铣刀不但可以提升生产效率，而且可以降低生产成本。

5.2 黑影在印制电路板中的应用

金属化孔是指在 PCB 顶层和底层之间的孔壁上通过化学反应将一层薄铜沉积在孔的内壁上，使印制电路板的顶层与底层通过孔壁铜层相互连接。金属化孔（Plated Through Hole，PTH）技术是印制电路板制造技术的关键技术之一。按导电材料分类，业界将金属化孔直接电镀技术归纳为以下三种类型。

① 钯系列：以钯或其化合物作为导电介质，通过吸附钯胶体或钯离子，使 PCB 非导体的孔壁获得导电性。

② 导电性高分子系列：非导体表面在高锰酸钾碱性水溶液中发生化学反应生成二氧化锰层，然后在酸溶液中，单体吡咯或吡咯系列杂环化合物在非导体表面上失去质子而聚合，生成不溶性导电聚合物，如聚吡咯、聚苯胺。

③ 碳黑系列：采用物理作用吸附纳米碳黑／石墨形成导电层，该技术被称为黑孔化技术。

从工艺成熟度及可靠性的角度来看，业界公认的比较成熟的金属化孔直接电镀技术是钯系列和碳黑系列技术。

钯系列直接电镀技术中的化学铜工艺存在许多的问题，具体如下所述：

① 镀液中含有还原剂甲醛，对环境和人身健康都存在威胁。

② 在镀铜过程中会产生氢气，一方面容易造成孔壁空洞，另一方面容易引起火灾，工艺管理难度相对大一些。

③ 工艺流程长，一般都需要 25 分钟以上才能完成化学镀铜。

碳黑系列直接电镀技术中的黑影工艺有很多优势，具体如下所述：

① 镀液中不含甲醛、重金属和螯合剂，相对环保很多。

② 在生产过程中无氢气产生，破孔的风险降低很多，同时生产现场管理难度小。

③ 工艺流程短，一般在 15 分钟以内就可以完成整个镀孔流程。

黑影工艺并不是一项新的工艺，早在 1993 年，著名的药水厂家麦德美就研发出了名为 shadow 品牌的石墨系列直接电镀技术并将其运用于 PCB 通孔制造，至今已近 30 年。在 2020 年中国综合 PCB 百强排行榜中，前 5 大 PCB 厂有 4 家使用黑影工艺，其中 2 家使用该工艺 20 年以上。中国使用黑影工艺的 PCB 厂将近 60 家，有超过 130 条生产线，每月 PCB 产出大约为 200 万平方米；在全球范围内超过 300 条采用黑影工艺的生产线，其终端产品广泛应用于消费类电子、医疗器械、航空航天、汽车制造等领域，可以说黑影工艺是相当成熟的生产工艺。目前国外黑影技术供应商有 MacDermid、ATO 和 TECHNIC，国内黑影技术供应商有贝加尔（Baikal），这些供应商均有成熟的黑影解决方案。

黑影工艺是与化学铜工艺类似的一种金属化孔直接电镀工艺。由于黑影工艺所提供的化学药水本身均不含甲醛、重金属和螯合剂等，所以黑影工艺是一种绿色环保的工艺，并且可有效降低企业生产运行成本。同时，黑影工艺是涂覆工艺，非氧化还原工艺（化学铜），故此该工艺对不同介电材料的表面活性不敏感，可处理各种金属化难度高的材料。国内对黑影工艺的研究及生产应用多局限于柔性电路板（Flexible Printed Circuit，FPC）和盲孔板（HDI板），对于多层刚性印制电路板涉及较少。随着 PCB 设计材料及孔的类型不断升级，黑影工艺是替代化学铜工艺的最佳可靠方案，本节重点介绍黑影工艺在多层刚性印制电路板上应用的性能表现及各项性能测试方法。

5.2.1　黑影工艺及其机理

1. 钯系列化学铜工艺介绍

目前，业界主流的直接电镀技术是钯系列化学沉铜技术，其整个工艺过程大体需要以下6 个关键步骤。

第 1 步：孔壁整孔。目的是除去板面油污、指印、氧化物和孔内粉尘，对孔壁板材进行极性调整（使孔壁由负电荷调整为正电荷）便于在后工序中胶体钯的吸附。除油调整进行的好坏直接影响到沉铜背光效果。

第 2 步：微蚀。目的是除去板面的氧化物，粗化板面，保证后续沉铜层与板材底铜之间具有良好的结合力，新生成的铜面具有很强的活性，可以很好地吸附胶体钯。

第 3 步：预浸。主要是保护钯槽免受前处理槽液的污染，延长钯槽的使用寿命，预浸液主要成分除氯化钯外与钯槽成分一致，可有效润湿孔壁，便于后续活化液可及时进入孔内进行足够有效的活化。

第 4 步：钯沉积。经前处理碱性除油极性调整后，带正电的孔壁可有效吸附足够多带有负电荷的胶体钯颗粒，以保证后续沉铜的均匀性、连续性和致密性。

第 5 步：形成金属钯。去除胶体钯颗粒外面包的亚锡离子，使胶体颗粒中的钯核暴露出来，以便直接有效催化、启动化学沉铜反应。

第 6 步：化学沉积铜。通过钯核的活化作用诱发化学沉铜自催化反应，新生的化学铜和反应副产物都可以作为反应催化剂催化反应，使沉铜反应持续不断进行。在此过程中对槽液要保持进行正常的空气搅拌，以便转化出更多可溶性二价铜。通过该步骤处理后即可在板面或孔壁上沉积一层化学铜。钯系列化学铜电镀原理如图 5.6 所示，总的水平化学铜反应时间约为 17 分钟，垂直化学铜反应时间约为 45 分钟，同时由于活化钯槽液不适合剧烈搅拌，且化学铜反应过程中会产生氢气，所以不适合微小孔，对于品质管控和生产安全管理都有很大的挑战。

2. 黑影工艺原理

黑影工艺过程大体需要经过 5 个关键步骤，一般整个流程在 14 分钟内完成，具体介绍如下。

第 1 步：孔壁整孔。所使用的整孔剂是一种微碱性液体，主要功能是清洁孔壁表面，调节玻璃纤维及环氧树脂的表面，使其表面对导电胶体有足够吸附力。

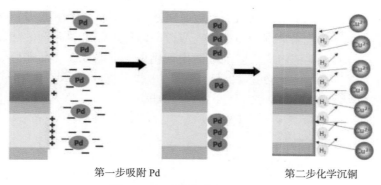

第一步吸附 Pd　　　　　　　　第二步化学沉铜

图 5.6　钯系列化学铜电镀原理

第 2 步：吸附石墨。所使用的黑影剂是一种微碱性液体，其成分中含有独特的添加剂及导电胶状物质，可在孔壁上形成导电层。

第 3 步：定影、移除多余石墨（黑影剂）。所使用定影剂为弱酸性，它可以除去孔壁上多余的黑影剂，使黑影导电层能平均分布于孔壁。这主要是因为定影剂可提供 H^+ 质子以中和未与整孔剂作用并结合的黑影剂表面的负电荷，电性中和作用可以去除孔中多余的石墨胶体（未与整孔剂反应形成薄膜层的石墨颗粒），促进留下来且已紧紧吸附于孔壁上的黑影剂薄层有更强的附着力。

第 4 步：烘干、固化。通过烘干使黑影更好地固化在孔壁表面。

第 5 步：微蚀。所用微蚀剂的主要成分是过硫酸钠和硫酸。微蚀剂的主要作用是通过侧蚀，除去铜面的黑影剂（石墨）。由于树脂及玻璃纤维是惰性物质，所以微蚀剂不能除去板材上的黑影剂（石墨）。黑影工艺电镀原理如图 5.7 所示。

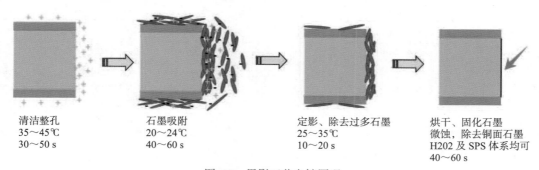

清洁整孔　　　　　　石墨吸附　　　　　　定影、除去过多石墨　　烘干、固化石墨
35～45℃　　　　　　20～24℃　　　　　　25～35℃　　　　　　微蚀，除去铜面石墨
30～50 s　　　　　　40～60 s　　　　　　10～20 s　　　　　　H2O2 及 SPS 体系均可
　　　　　　　　　　　　　　　　　　　　　　　　　　　　　　40～60 s

图 5.7　黑影工艺电镀原理

由上述化学铜工艺与黑影工艺的说明可以看出，两种工艺过程有显著的差异。化学铜在整孔后需要先经过微蚀处理，由于整孔剂对不同材料的吸附能力不同，经过微蚀破坏后，这种材料选择性的问题就会更加严重；而黑影工艺制程使用的整孔剂直接吸附导电颗粒，再经过烘干后，才会采用微蚀方式去除铜面上的导电颗粒，所以对于材料的选择性就没那么高。

也就是说，当介电层材料化学活性低时，需要加强整孔剂的整孔吸附能力，这时黑影工艺的优越性就会体现出来。多数化学铜产品都有内应力，即使加强了整孔剂的功能，改善了孔破的状况，还是容易因为化学铜内应力的问题而出现剥离、空洞问题。而在黑影工艺制程中，由大约 $300 \sim 700$ nm 的石墨颗粒沉积吸附形成的导电膜没有内应力问题。当介电层材料表面光滑，没有办法产生微粗糙度时，沉积上去的金属结合力就比较弱，这时采用黑影工艺孔壁的可靠性就会高很多。

5.2.2 黑影工艺与化学铜工艺对比

通过在工艺制程方面对黑影工艺和化学铜对比可知，黑影工艺在各方面都具有明显的优势，具体如下所述。

① 黑影工艺制程的总反应时间、设备长度均短于化学铜制程。

② 黑影工艺制程产生的废水及耗电量均少于化学铜制程。

③ 黑影工艺制程因为药水结构简单，所以设备的购置成本（购置成本约为化学铜购置成本的 3/4 ～ 4/5）、维护成本低。

④ 黑影工艺制程的材料选择性比化学铜范围更大。

黑影工艺与化学铜工艺重点项目对比如表 5.11 所示，黑影工艺与化学铜工艺能耗对比如表 5.12 所示。

表 5.11 黑影工艺与化学铜工艺重点项目对比

项目	黑影工艺	水平化学铜工艺	垂直化学铜工艺
工艺流程时间	约 14 分钟	约 17 分钟	约 45 分钟
导电物质特性及存放时间	石墨	化学铜	化学铜
	抗环境氧化及污染能力强	易氧化、易受污染	易氧化、易受污染
	导电物质可存放一周，可以积累大量黑影板，保养时电镀线不用停机	导电物质可存 2 小时，需要及时运输；保养时电镀线需要停机，浪费产能	导电物质可存 2 小时，需要及时运输并配养板槽；保养时电镀线需要停机，浪费产能
主槽寿命	$1 \sim 2$ 年	活化：1 个月	活化：半年
		化铜：$15 \sim 30$ 天	化铜：$3 \sim 6$ 个月
主槽保养频率和时间	$1 \sim 3$ 个月黑影倒槽，保养用时 12 小时	活化：每月硝槽倒槽，保养用时 12 小时	活化：每半年硝槽换槽，保养用时 24 小时
		化铜：每周硝槽倒槽，保养用时 8 小时	化铜：每周硝槽倒槽，保养用时 12 小时
可选材料	无材料选择性；LCP、MPI、PTFE、陶瓷填料、高 T_g 材料等均适用	有一定材料选择性，如生产特氟龙板需要刻意提高沉铜速率	有一定材料选择性

项目	黑影工艺	水平化学铜工艺	垂直化学铜工艺
板子类型	均可用于制作软板、硬板及软硬板；对于某些特殊材料，化学铜工艺具有材料选择性		
通孔能力	厚径比为 30	厚径比小于等于 12	厚径比为 30
盲孔能力	• 最小孔径为 50 μm，厚径比为 1.5； • 厚径比小于等于 2（更大厚径比有少量应用）	• 最小孔径为 75 μm，厚径比为 1； • 当厚径比为 1～1.5 时有困难	• 最小孔径为 75 μm，厚径比为 1
定位建议	• 适合各种材料及各种类型高密度大纵横比通、盲孔板制作； • 黑影工艺是涂覆工艺，不像化学铜工艺是氧化还原工艺，因此该工艺对于不同介电材料的表面活性不敏感，可处理金属化难度大的材料	• 不建议制作 LCP、厚 PI 及大开窗 PI 等特殊高频板，因为均有剥离鼓泡或化铜不良现象，需（PTH+ 闪镀）× 2 边； • 建议盲孔孔径大于等于 75 μm	• 不建议制作软板、薄板，操作不易，板面外观较差； • 不建议制作厚 PI 及大开窗 PI，因为均有剥离气泡的不良现象，需两步（PTH+ 闪镀）； • 建议盲孔孔径大于等于 75 μm
设备长度	约为 28 m（以 2 m/min 设计）	约为 34 m（以 2 m/min 设计）	—
环保	优先考虑使用低耗及低污染的绿色环保工艺	• 环境污染严重； • 含致癌物甲醛和重金属； • 运行成本较高，将减少使用	

表 5.12　黑影工艺与化学铜工艺能耗对比

项目	黑影			水平化学铜			垂直化学铜		
	耗量	月产能 /ft^2	平均消耗	耗量	月产能 /ft^2	平均消耗	耗量	月产能 /ft^2	平均消耗
耗电 /(kW·h)	284368	2956167（稼动率为 70%）	0.1(kW·h)/ft^2	52832	257647（稼动率为 50%）	0.21(kW·h)/ft^2	74560	440552（稼动率为 70%）	0.17(kW·h)/ft^2
废水 / L	7629000		2.57 L/ft^2	719000		2.8 L/ft^2	4766000		10.82 L/ft^2

注释：1 ft^2=0.09290304 m^2。

5.2.3　黑影工艺的可靠性验证

1. 样品制备

- 通孔测试板：板厚 2 mm，16 层，20 块，联茂 IT-158；
- 盲孔 IST Coupon 板：板厚 1.5 mm，4 层，20 块，台光 EM-825；
- 通孔孔径：0.2/0.25/0.7/1.0/1.5 mm；
- 盲孔孔径：100/125 μm；
- 通孔测试板如图 5.8 所示，盲孔 IST Coupon 测试板如图 5.9 所示；
- 测试黑影：贝加尔纳米石墨 M86 系列。

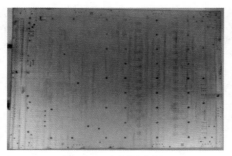

图 5.8　通孔测试板

图 5.9　盲孔 IST Coupon 测试板

2. 实验项目

实验测试项目如表 5.13 所示。

表 5.13　实验测试项目

序号	检查项目	设备仪器	测试标准	验收标准
1	盲孔可靠性测试	AOI 或 CCD 显微镜	在盲孔底部采用 AOI 或 CCD 显微镜扫描未发现异物残留	盲孔底部无异物残留
2	漂锡测试	锡炉，切片机	参考标准：IPC-TM-650 2.6.8	切片无镀层分离、镀层裂纹、树脂回缩、孔壁剥离、互连分离现象
3	无铅回流焊接测试	回流焊接炉、微电阻仪	参考标准：IPC-TM-650 2.6.27	电阻值变化率＜ 10%
4	热油测试	热油测试锅、微电阻仪	参考标准：IPC-TM-650 2.4.6	电阻值变化率＜ 5%，切片无镀层分离、镀层裂纹、树脂回缩、孔壁剥离、互连分离现象
5	冷热冲击测试	冷热冲击箱、微电阻仪	参考标准：IPC-TM-650 2.6.7.2	电阻值变化率＜ 10%，无孔铜断裂现象
6	IST	IST 测试箱、微电阻仪	参考标准：IPC-TM-650 2.6.26	电阻值变化率＜ 10%，无孔铜断裂现象
7	CAF 测试	电测机，切片机	电测无微短路	电测无微短路现象

5.2.4　黑影工艺实验结果与分析

1. 盲孔可靠性测试

（1）缺陷可检出性

在完成黑影工艺流程的测试板中随机抽取样本，使用 AOI 或 CCD 显微镜对盲孔进行检测，可以提前发现盲孔中是否残留异物。图 5.10 为完成黑影工艺后正常盲孔底部状态，图 5.11 为完成黑影工艺后盲孔底部残留异物状态。本次抽样未发现异常。

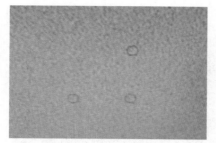

图 5.10　完成黑影工艺后正常盲孔底部状态

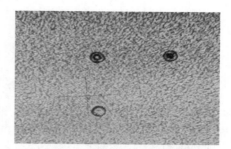

图 5.11　完成黑影工艺后盲孔底部残留异物状态

（2）可靠性

对于盲孔的制作，黑影工艺可靠性更好。这主要是因为采用黑影盲孔工艺，最终的电镀效果是电镀铜与基铜直接连接；而采用化学铜盲孔工艺，最终的电镀效果是电镀铜与基铜通过化学铜连接。黑影盲孔和化学铜盲孔效果对比如图 5.12 所示。当采用黑影工艺时镀铜与基铜直接连接，同时由于在电镀之前进行微蚀去氧化处理，所以采用黑影工艺制作的盲孔板没有"化铜层"沉积结构不好的内应力或因为氧化而造成的互连失效（ICD）风险。

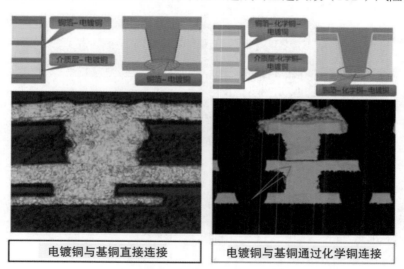

图 5.12　黑影盲孔和化学铜盲孔效果对比

2. 漂锡测试

随机抽取样本参考标准 IPC-TM-650 2.6.8 对测试板进行测试：测试前先在 135℃ 下烘烤 6 h，然后在 288℃ 下进行漂锡 10 s，重复做 6 次，切片未发现镀层分离、镀层裂纹、树脂回缩、孔壁剥离、互连分离现象。盲孔漂锡后切片分别如图 5.13 和图 5.14 所示，通孔漂锡后切片分别如图 5.15 和图 5.16 所示。

图 5.13　盲孔漂锡后切片（一）

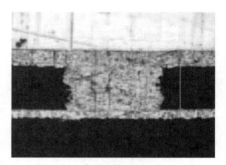

图 5.14　盲孔漂锡后切片（二）

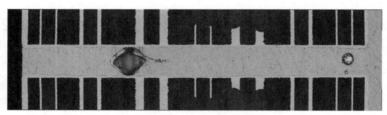

图 5.15　通孔漂锡后切片（一）

图 5.16　通孔漂锡后切片（二）

3. 无铅回流焊接测试

随机抽取样本参考标准 IPC-TM-650 2.6.27 进行无铅回流焊接测试：测试前先将样本在 (105 +5/−0)℃ 下烘烤 24 h，按表 5.14 给出的回流焊接参数，分别进行回流焊接测试 5 次、10 次、15 次，回流焊接后测量电阻变化率小于 10%，切片未发现镀层分离、镀层裂纹、树脂回缩、孔壁剥离、互连分离现象。回流焊接后电测数据如表 5.15 所示，回流焊接后切片分别如图 5.17 和图 5.18 所示。

表 5.14　回流焊接参数

区	1	2	3	4	5	6	7	8	9	10	
设定温度 /℃	140	160	175	180	190	200	210	265	275	240	冷却
实际温度 /℃	140.3	160.8	174.9	180.2	190.3	200.1	210.2	264.9	275.4	240.3	冷却

表 5.15 回流焊接后电测数据

序号	初始电阻 / Ω	最终电阻 / Ω	电阻变化率 / %
盲孔 1	21.1	21.3	1.0
盲孔 2	21.8	21.9	0.5
通孔 1	11.8	11.9	0.9
通孔 2	11.6	11.9	2.6

图 5.17 回流焊接后切片（一）

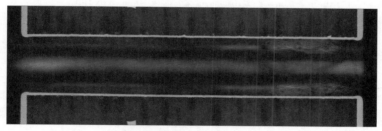

图 5.18 回流焊接后切片（二）

4. 热油测试

随机抽取样本参考标准 IPC-TM-650 2.6.7.2 进行热油测试：测试前先将样本在（105 +5/-0）℃下烘烤 24 h，并于 60℃ /60% RH 下存放 40 h，测试温度为 260℃，测试时间为 20 s，冷却时间为 10 s，循环测试次数为 20 次，测试后测量电阻变化率小于 5%。热油测试电测数据如表5.16 所示。

表 5.16 热油测试电测数据

序号	初始电阻 / Ω	最终电阻 / Ω	电阻变化率 / %
盲孔 1	22.4	22.8	1.8
盲孔 2	22.2	22.9	3.2
通孔 1	11.0	10.9	0.9
通孔 2	16.3	16.9	3.7

5. 冷热冲击测试

随机抽取样本参考标准IPC-TM-650 2.6.7.2测试热冲击导电性：测试温度为−55～125℃，测试时间为 30 min／循环（高温保持 15 min，低温保持 15 min），循环测试次数为 500 次，测试后测量电阻变化率小于 10%。延展性测试数据如表 5.17 所示。

表 5.17　延展性测试数据

序号	初始电阻／Ω	最终电阻／Ω	电阻变化率／%
盲孔 1	21.9	22.1	0.9
盲孔 2	20.9	21.5	2.9
通孔 1	12.1	12.2	0.8
通孔 2	11.4	11.6	1.8

6. 互连应力测试（IST）

随机抽取样本参考标准 IPC-TM-650 2.6.26 进行互连应力测试（IST）：测试前先将样本在 (105 +5/−0)℃ 下烘烤 24 h，测试温度为 25～150℃，测试时间为 5 min／循环（加热 3 min，冷却 2 min），循环测试次数为 1000 次，测试后电阻变化率小于 10%。互连应力测试电测数据如表 5.18 所示。

表 5.18　互连应力测试电测数据

序号	最终次数	电阻变化率／%
Coupon 1	1000	1.3
Coupon 2	1000	3.2
Coupon 3	1000	1.7
Coupon 4	1000	2.5
Coupon 5	1000	4.7

7. 导电阳极丝（CAF）电测试

对比测试黑影流程与化铜流程的 CAF 不良率步骤如下。

① 取 24000 pcs 双面板样本，板材为 NP-140，板厚为 1.6 mm。

② 采用同一机台钻孔且参数相同；通孔孔径为 0.25 mm，孔间距为 0.65 mm。

③ 同时水平除胶，除胶量为 0.15 mg/cm²。

④ 随机取 12000 pcs 样本完成化铜流程，另外 12000 pcs 样本完成黑影流程。

⑤ 标记后同时电镀，孔铜箔厚度为 25 μm；

⑥ 在线路蚀刻、防焊、成型后进行电测，电测条件是，电压：250 V，绝缘阻抗：5 MΩ。

电测试结果：化学铜板相邻孔微短路比率为 1.2‰（14 pcs 异常），黑影板相邻孔微短路比率为 0.3‰（4 pcs 异常）。

CAF 示意图如图 5.19 所示，微短路切片如图 5.20 所示。

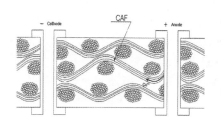

图 5.19　CAF 示意图

图 5.20　微短路切片

理论说明：对于同等（设计、材料及钻孔条件）的测试板，化学铜制程因为强酸强碱溶液、反应时间长等原因，导致分子级别铜盐容易渗透到孔壁环氧树脂及玻璃纤维间缝隙，在后续高温高湿及电势差的作用下，PCB 内部铜离子沿着玻璃纤维丝间的微裂通道迁移，导致孔与孔之间出现微短路；而在黑影制程中，石墨颗粒尺寸相对较大（300 ～ 700 nm）且物性稳定，不易形成离子而迁移，可明显降低 CAF 发生比率。

5.2.5　结论

① 综上所述，黑影工艺是绿色环保工艺，技术成熟，不仅可应用于柔性电路板（Flexible Printed Circuit，FPC）和盲孔板（HDI 板），而且也可用于多层刚性印制电路板。

② 随着 PCB 设计材料及孔的类型不断升级，以及物料人工成本持续上涨，黑影工艺将成为替代传统化学铜，降低 PCB 企业运行成本的最佳选择。

5.3　厚铜板阻焊油墨应用

目前，阻焊工序针对完成铜厚 ≥ 56 μm 厚铜板，如果采用一次印刷，线路间极易产生气泡及线路油薄现象，因此需要采用丝印 2 次方式生产；同时由于油墨厚度原因导致阻焊侧蚀（Undercut）偏大，4 mil（1 mil=0.0254 mm）阻焊桥难以实现。

这就导致厚铜板阻焊印刷工序不但流程复杂，印刷效率低，而且不良率还比较高。目前，业界已经有了厚铜板专用光亮绿色油墨，针对铜厚 $56\ \mu m \leqslant T \leqslant 100\ \mu m$ 的厚铜板，可通过丝印 1 次满足油厚要求，密集线路间无气泡，同时可制作最小 3 mil 阻焊桥，可以减少一次丝印流程。本节以炎墨 SR-500 HG56 光亮绿色厚铜板油墨为例进行说明。

5.3.1 生产流程对比

① 现行厚铜板阻焊印刷流程（两次印刷）：43T 网版／75° 刮胶。

阻焊前处理→阻焊印刷（使用添加 80 ～ 150 mL 开油水油墨）→静置 2 ～ 3 h →预烤→检验→曝光→显影→检验→阻焊固化→阻焊前处理（不开磨刷）→加印（使用添加 80 ～ 130 mL 开油水油墨）→静置 2 h →预烤→检验→曝光→显影→检验→后固化。

② 厚铜板专用油墨防焊印刷流程（一次印刷）：36T 网版／65° 刮胶。

阻焊前处理→阻焊印刷（油墨无须添加开油水）→静置 15 ～ 30 min →预烤→检验→曝光→显影→检验→后固化。

从以上流程可知，整个阻焊印刷流程显著短缩，生产效率大幅提升。

5.3.2 油墨性能对比

通过测试得知，厚铜板阻焊油墨和普通阻焊油墨各项指标对比如表 5.19 所示，除感光性能与成本差异外，其余均一致。

表 5.19 厚铜板阻焊油墨与普通阻焊油墨各项指标对比

项目	厚铜板阻焊油墨	普通阻焊油墨
耐显影性	无显影不净，当曝光尺为 9 ～ 11 格时，75 μm 阻焊桥无断桥	无显影不净，当曝光尺为 9 ～ 11 格时，75 μm 阻焊桥无断桥
针孔	静放 1 h 无针孔	静放 1 h 无针孔
垂流性测试	无油墨垂流	无油墨垂流
可退洗性测试	高温板退洗干净	高温板退洗干净
喷锡水印测试	喷锡后停放 20 s 无水印	喷锡后停放 20 s 无水印
不同表面处理测试	沉锡板 PAD 边掉油，其他表面处理无异常	沉锡板 PAD 边掉油，其他表面处理无异常
感光性能测试	240 MJ/cm² 曝光尺 9 级 300 MJ/cm² 曝光尺 11 级	180 MJ/cm² 曝光尺 9 级 240 MJ/cm² 曝光尺 11 级
单价（未税）	64.67 元／kg（未税）	38 元／kg（未税）

5.3.3 成品板效果对比

普通阻焊油墨在应用于印刷成品铜厚 ≥ 70 μm 的 PCB 时，常出现线路间气泡、针孔、油墨不均、起皱等外观不良现象，如图 5.21 所示。

对于铜厚在 140 μm 以内的 PCB，采用厚铜板阻焊油墨一次印刷完成，线间无气泡、无针孔，线路及铜面上的膜面光滑平整，厚铜板阻焊油墨密集线路平面图如图 5.22 所示。

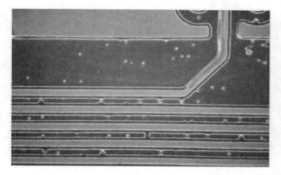
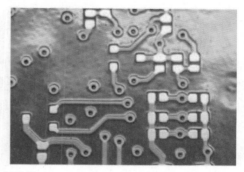

图 5.21　普通阻焊油墨

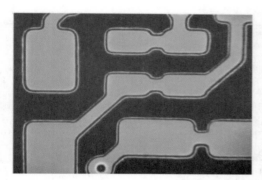
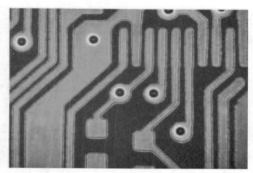

图 5.22　厚铜板阻焊油墨密集线路平面图

当镀金电流密度为 20 A/m²，金厚为 0.075 μm 时，采用火山灰工艺进行阻焊前处理，使用型号为 SR-500 HG55 的厚铜板阻焊油墨，金手指根部完全无掉油现象，比普通油墨有明显品质优势，金手指阻焊效果对比如图 5.23 所示。

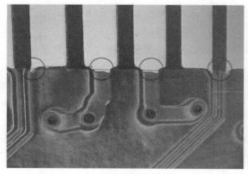

（a）普通阻焊油墨　　　　　　　　　　　　（b）厚铜板阻焊油墨

图 5.23　金手指阻焊效果对比

5.3.4 阻焊油墨可用性评估

对于阻焊油墨的评估一般分三类：物理性能测试、可生产性及成本。阻焊油墨物理性能测试主要包括硬度、附着力、耐酸碱性、可焊性、回流焊接和热冲击测试，以及不同表面处理、与波峰焊接松香的相溶性和与贴片后保护胶的兼容性测试等；可生产性测试包括印刷性与垂流性和针孔测试、预烤宽容性测试、感光性测试、耐显影性测试和可退洗性等；成本指全流程成本，也就是阻焊油墨本身的成本以及效率提升的成本。

评估过程及结果如下所述。

（1）阻焊油墨物理性能测试

按要求完成表 5.20 中的物性测试项目，各项物性测试结果如表 5.20 所示。

表 5.20　各项物性测试结果

项目	测试标准	测试结果
硬度测试	完成油墨印刷、预烤后，用不同硬度的鸭嘴扁平状铅笔成 45℃ 斜推，目视是否擦伤阻焊层	符合要求
附着力测试（百格测试）	对经过阻焊后烘烤的板子，在 1 oz 铜皮或板材表面油墨上选取 25 mm×25 mm 正方形，用锋利无缺口的刀具将其平均切割成间距为 2 mm 的十字网格图形，然后用 3 M 胶带在刀具切割处拉扯，目视切割处油墨是否扩延、剥离和分层	符合要求
耐酸碱性测试	将预烤后的待喷锡板分别放入浓度为 10% 的 H_2SO_4 和 NaOH 溶液杯中，在室温下浸泡 30 min 后取出观察其是否有变色和掉油现象，然后采用 3M 胶带测试是否出现掉油现象	符合要求
可焊性测试	255℃ 浮锡 10 s，进行 3 次，上锡 95% 以上	符合要求
回流焊接测试	270℃ 回流焊接 3 次，采用 3M 胶带测试无掉油、无变色现象	符合要求
热冲击测试	将已完成表面处理的板在 288℃ 浸锡 10 s，进行 3 次后，采用 3M 胶带测试无掉油现象	符合要求
与波峰焊接松香的相溶性	在测试板表面涂松香然后进行漂锡，清洗后检查表面有无白色残留物	符合要求
与贴片后保护胶的兼容性	在测试板表面涂上保护胶，检查有无缩胶现象	符合要求
沉锡表面处理	采用 3M 胶带测试无掉桥、掉油现象	沉锡板焊盘边有轻微掉油现象，需要进行超粗化处理
沉金表面处理测试	采用 3M 胶带测试无掉桥、掉油现象	符合要求
喷锡表面处理测试	采用 3M 胶带测试无掉桥、掉油现象	符合要求
沉银表面处理测试	采用 3M 胶带测试无掉桥、掉油现象	符合要求

注释：1 oz=35 μm。

（2）印刷性、垂流性及针孔测试

① 测试过程：取完成丝印的厚度为 80 ～ 90 μm 厚铜板，检查油墨在线路、孔边、大铜面及板材上的流动性，是否有聚油，流油、网印及针孔等问题。

② 测试标准：无流油、网印及针孔问题

③ 测试结果：80 ～ 90 μm 厚铜板丝印后静放 60 min 无流油现象；36T 白网双面印刷无网印问题；印刷后静放 60 min 无针孔问题，印刷性、油墨垂流性及针孔测试结果如表 5.21 所示。

表 5.21　印刷性、油墨垂流性及针孔测试结果

序号	项目	生产参数	测试结果	图片
1	垂流性测试	80 ～ 90 μm 厚铜板丝印后静放 60 min	无流油	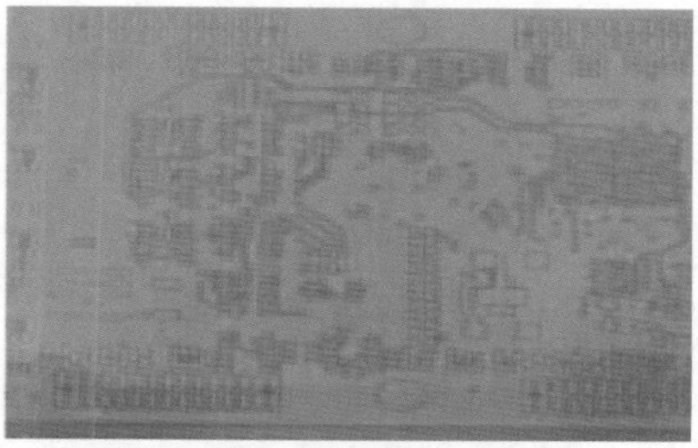
2	印刷性测试	36T 白网双面印刷	无网印	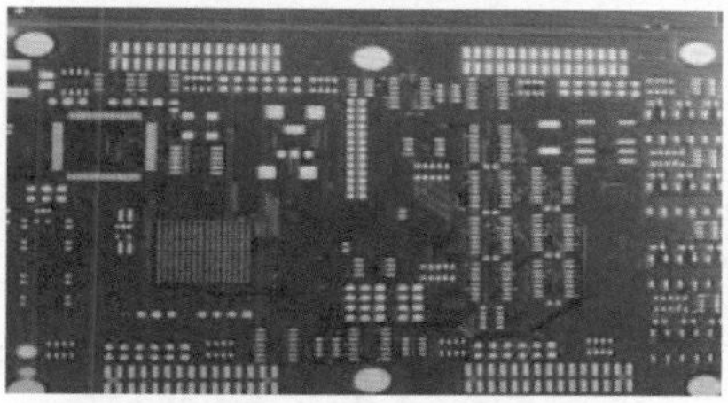
3	针孔测试	印刷后静放 60 min	无针孔	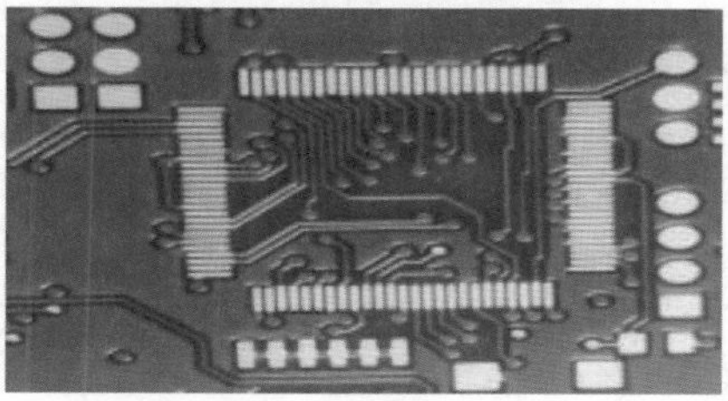

（3）预烤宽容性测试

① 测试过程：丝印后在一定预烤参数范围内进行测试，确认油墨的预烤参数的宽容性。

② 测试标准：满足参数（75℃ 下预烤 45 ～ 60 min）要求，无异常。

③ 测试结果：油墨预烤宽容性满足要求，当预烤时间超过 70 min 时，会出现显影不净的缺陷，烘烤参数测试如表 5.22 所示。

表 5.22　烘烤参数测试

序号	生产参数	厚铜板阻焊油墨
1	75℃ 下预烤 45 min	合格
2	75℃ 下预烤 60 min	合格
3	75℃ 下预烤 70 min	显影不净

（4）感光性测试

① 测试过程：在曝光时，对比不同曝光能量对曝光尺的影响。

② 测试标准：满足曝光尺要求。

③ 测试结果：厚铜板阻焊油墨相比普通阻焊油墨曝光能量高 60 MJ/cm²，感光性测试如表 5.23 所示。

表 5.23　感光性测试

序号	厚铜板阻焊油墨		普通阻焊油墨	
	曝光指数（上／下）	曝光尺	曝光指数（上／下）	曝光尺
1	240 MJ/ cm²	9 格盖膜	180 MJ/ cm²	9 格盖膜
2	270 MJ/ cm²	10 格盖膜	210 MJ/ cm²	10 格盖膜
3	300 MJ/ cm²	11 格盖膜	340 MJ/ cm²	11 格盖膜

（5）耐显影性测试

① 测试过程：取桥位测试板进行正常参数显影及返显影测试，检查有无断桥问题。

② 测试标准：75 μm 的阻焊桥，曝光尺控制在 11 格盖膜，正常显影一次无断桥现象。

③ 测试结果：曝光尺在 9 ～ 11 格，75 μm 阻焊桥合格，50 μm 阻焊桥发白，曝光尺测试如表 5.24 所示。

表 5.24　曝光尺测试

序号	测试参数	厚铜板阻焊油墨
1	曝光尺 9 格盖膜	75 μm 阻焊桥合格，50 μm 阻焊桥发白
2	曝光尺 10 格盖膜	75 μm 阻焊桥合格，50 μm 阻焊桥发白
3	曝光尺 11 格盖膜	75 μm 阻焊桥合格，50 μm 阻焊桥发白

炎墨 SR-500 HG56 绿色油墨在侧蚀量和油墨厚度方面具有卓越的阻焊能力，当油墨厚度（干膜）约为 74 μm 时，侧蚀仅为 15 ～ 17 μm。厚铜板油墨 3 mil 阻焊桥切片如图 5.24 所示，厚铜板油墨独立线路切片如图 5.25 所示。绿色厚铜板阻焊油墨阻焊桥能满足制程能力

要求，可以作为 75 μm 阻焊桥；炎墨 SR500 HG56 绿色油墨显影后侧蚀小于 25 μm，铜厚为 80 ～ 90 μm 的厚铜板线角油厚 > 10 μm，满足品质需求。

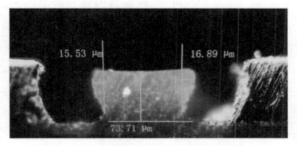

图 5.24　厚铜板油墨 3 mil 阻焊桥切片

注释：1 mil=0.0254 mm。

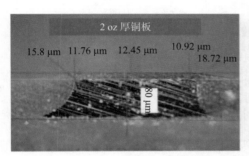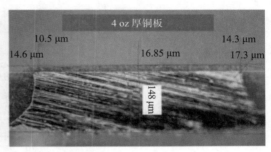

图 5.25　厚铜板油墨独立线路切片

注释：1 oz=35 μm。

（6）可褪洗性测试

① 测试过程：取 2 PNL 已完成阻焊油墨印刷的厚铜板，在显影及预烤后进行褪洗，检查油墨是否可褪洗干净。

② 测试结果：油墨可褪洗干净。

（7）成本对比

① 单价对比。

厚铜板阻焊油墨的单价比普通阻焊油墨单价高，成本对比如表 5.25 所示。

表 5.25　成本对比

油墨品牌	厚铜板阻焊油墨	普通阻焊油墨
单价（未税）	64.67 元／kg	38 元／kg

② 收益分析。

以某厂家实际的厚铜板产能为例，厚铜板阻焊油墨（光亮绿色油墨）虽然单价相比普通阻焊油墨高 26.67 元／kg，高达 70%，公司总体每月增加油墨采购成本 13.4 万元（预计总体用量 5034 kg／月），但是针对 56 μm ≤铜厚≤ 100 μm 的厚铜板，可以减少 1 次丝印流程，每月整体实际收益为 21.57 万元／月，成本分析如表 5.26 所示。

表 5.26　成本分析

厂家	厂区 1	厂区 2	厂区 3	厂区 4	整体
二次油比例 / %	6.50	19.20	0.70	13	—
二次油面积 / m²	3539	21961	220	12419	38139
可替换二次绿油面积（比例 40%）/ m²	1415	8784	88	4968	15255
将丝印 2 次改为 1 次的成本收益 / 万元	3.25	20.15	0.2	11.40	35
因油墨单价高增加的油墨成本 / 万元	1.25	7.73	0.08	4.37	13.43
每月实际收益 8 万元	2	12.42	0.12	7.03	21.57
备注	① 可替换二次绿油面积按 40% 计算。② 厚铜板丝印 2 次改为 1 次的成本收益：（阻焊单位成本 41.12 元 / m²-材料单位成本 18.48 元 / m²）× 可替换二次绿油面积 40%。③ 专用油墨采购上升成本：可替换二次绿油面积 × 单耗 0.33 kg/m² × 油墨价格差异 26.67 元 / kg				

5.3.5　结论

① 针对 56 μm ≤完成铜厚≤ 100 μm 的厚铜板，采用厚铜板阻焊油墨进行一次丝印可以满足油厚和品质要求。

② 厚铜板阻焊油墨虽然单价相比普通阻焊油墨高 26.67 元／kg，但是，由于生产效率的提升，产能为 3.8×10^4 m²／月的公司，每月可以节约成本 21.57 万元。

第6章 PCB 先进加工工艺方法介绍

6.1 用于微盲孔直接电镀工艺的导电聚合物

在印制电路板（PCB）制造工艺中，层间电路导通是靠通孔或金属化盲孔来完成的。传统工艺一般都采用以甲醛为还原剂的化学镀铜层为底层。但甲醛毒性大，是一种致癌物质，并且含有铜离子、镍离子、钯离子和配位剂的化学镀铜废液难以处理，因此人们对非甲醛体系化学铜工艺进行了大量研究，其中以次磷酸盐和乙醛酸代替甲醛方面的研究最多，但出于成本等多方面的考虑，这些工艺并没有被大量应用于实际生产中。直接电镀利用导电材料（如碳、钯导电聚合物等）替代传统化学铜来实现金属化孔制程，目前已有部分导电聚合物被应用于 PCB 的金属化孔制程中。利用具有共轭结构的导电聚合物（如聚乙炔）来实现直接电镀的最大优点是环保，流程短，能耗低，废水处理方式简单。但由于导电聚合物的导电性弱，盲孔内玻璃纤维处沉积的导电聚合物尤其少，因此电镀后常存在孔内无铜、单点铜薄、"螃蟹脚"（即孔底角断铜）等问题，常常需要通过化学掺杂方式来提高其导电性。早期 A.J.Heeger 等就通过掺杂卤素来提高聚乙炔的导电性。

1990 年，Bayer 公司以二氧化锰作为氧化剂聚合得到聚噻吩，并于 1995 年成功申请了聚噻吩用于双面、多层印制电路板通孔电镀的专利。国内在导电聚合物方面的研究起步较晚，对可用于印制电路板金属化孔的导电聚合物的研究就更晚。2006 年，江苏工学院的陈智栋等人以吡咯、苯胺为单体，硫酸等无机酸为掺杂剂，过硫酸盐或高锰酸盐为氧化剂，聚乙烯吡咯烷酮为表面活性剂，得到含导电聚合物的水溶性胶体溶液，将 PCB 绝缘基板浸渍于该溶液后，即可实现直接电镀铜。本节以某 PCB 产品为例，介绍导电聚合物被应用于直接电镀铜的主要工艺流程，对实验和生产过程中出现的问题进行汇总，并给出了相应的对策，希望能给同行提供参考。

6.1.1 微盲孔直接电镀铜工艺流程

研究试样的微盲孔孔径为（110±10）μm，孔深为（90±5）μm，由激光打孔形成，其中的 PCB 层间绝缘介质层由树脂和玻璃纤维组成，在激光烧蚀过程中会形成胶渣，因此在采用直接电镀铜工艺前要除胶渣，整个工艺流程包括除胶渣、有机导电膜工艺和电镀铜，除胶渣和有机导电膜工艺位于同一条水平设备上，统称为选择性有机导电（Selective Organic Conducting，SOC）工艺。完成 SOC 工艺的微盲孔内沉积了一层有机导电膜，其导电性能比金属铜差很多，需要电镀一层 4～6 μm 的薄铜，为后续微盲孔电镀提供良好的导电层。本节主要探讨除胶渣、有机导电膜及电镀铜这 3 个关键步骤。

1. 除胶渣

除胶渣的目的是除去钻孔时因摩擦引起高温所产生的胶渣，避免后续电镀铜与内层铜之间存在互连缺陷（InterConnect Defect，ICD）。另外，除胶渣也会对孔壁绝缘介质咬蚀形成蜂窝状结构，从而提高孔壁与电镀铜层之间的结合力。要求除胶量为 0.1～0.5 mg/cm² （采用称重法测得），具体流程如下。

膨胀（2721 膨胀剂浓度为 230 mL/L，NaOH 浓度为 5 g/L，工作温度为 89 ℃，时间为 90 s）→除胶（2723 除胶剂浓度为 130 mL/L，NaOH 浓度为 50 g/L，工作温度为 89 ℃，时间为 3 min）→中和（浓硫酸浓度为 50 mL/L，2724 中和剂浓度为 30 mL/L，30% 的过氧化氢浓度为 15 mL/L，工作温度为常温，时间为 45 s）。如无特别说明，本文所用试剂和添加剂均来自广东东硕科技有限公司。

2. 有机导电膜工艺

有机导电膜工艺是在绝缘介质上制备导电膜，要求导电膜的方阻低于 5 kΩ。主要流程如下：

调整（碳酸钠浓度为 5 g/L，2301A 调整剂浓度为 100 mL/L，2301B 调整剂浓度为 20 mL/L，工作温度为 55 ℃，时间为 60 s）→引发（2302 引发剂浓度为 150 mL/L，硼酸浓度为 10 g/L，工作温度为 88 ℃，时间为 90 s）→聚合（2303A 聚合剂浓度为 20 mL/L，2303B 聚合剂浓度为 20 mL/L，2303C 聚合剂浓度为 20 mL/L，工作温度为 18 ℃，工作时间为 120 s）。

3. 电镀铜

电镀铜主要流程如下：

除油（除油剂 6169NF 浓度为 50 mL/L，工作温度为 50 ℃，工作时间为 60 s）→微蚀（过硫酸钠浓度为 90 g/L，98% 硫酸浓度为 20 mL/L，工作温度为 30 ℃，工作时间为 45 s）→电镀（$CuSO_4 \cdot 5H_2O$ 浓度为 150 g/L，VCP20A 整平剂浓度为 3 mL/L，98% 硫酸浓度为 150 g/L，VCP20B 光亮剂浓度为 3 mL/L，Cl 浓度为 60 mg/L，VCP20C 湿润剂浓度为 16 mL/L，工作温度为 22 ℃，电流密度为 2.0 A/dm²，工作时间为 20 min）。

要求电镀铜层厚度为 4～6 μm，且切片观察不能有单点铜薄或断铜（俗称孔破）情况。

6.1.2　微盲孔常见问题与对策

1. 前处理问题

（1）钻孔过度

① 现象描述：钻孔孔形差，悬铜或凹蚀量过大，胶渣未除尽，电镀铜厚不均匀，孔底镀铜层与基铜浮离。孔内悬铜与凹蚀如图 6.1 所示。

悬铜 / 凹蚀

胶渣 / 浮离

图 6.1　孔内悬铜与凹蚀

② 解决对策：调整钻孔时激光的能量，在打穿面铜后，采用低能量分多枪打介质层，使钻孔呈倒梯形，孔壁圆滑，胶渣少。

（2）未经除胶渣处理

① 现象描述：钻孔孔壁粗糙，但局部光滑，孔口有胶渣将电镀层与基铜分开，胶渣附着在孔底基铜上，底部电镀铜层偏薄，孔底角有断铜现象。孔底胶渣与断铜如图 6.2 所示。

胶渣

孔壁光滑

孔底角断铜

图 6.2　孔底胶渣与断铜

② 解决对策：检查除胶渣工段的喷流是否打开，液位是否能有效浸没板件，前处理各槽液温度是否在工艺范围内，生产过程中是否有多块板叠在一起而影响药水在孔内的交换。

（3）正常膨胀，但除胶不足

① 现象描述：孔形比较光滑，孔底电镀铜层偏薄，与基铜间有轻微浮离，孔底角铜层薄甚至存在断铜（即"螃蟹脚"）。孔形光滑与"螃蟹脚"如图 6.3 所示。

孔形光滑

"螃蟹脚"

图 6.3　孔形光滑与"螃蟹脚"

② 解决对策：检查除胶段喷流是否打开，液位是否能有效浸没板件，除胶槽液温度是否

在工艺范围内。必要时测试除胶量，看是否达标。

（4）膨胀过度

① 现象描述：钻孔孔形较好，但孔壁粗糙，电镀铜层偏薄。孔粗与铜薄如图 6.4 所示。

图 6.4　孔粗与铜薄

② 解决对策：检查膨胀槽液温度是否过高，分析膨胀剂浓度是否超标，检查板材是否有异常（例如，玻璃化转变温度偏低或固化不足）。

（5）除胶过度

① 现象描述：钻孔孔形较好，孔壁粗糙度过大且伴有玻璃纤维布纹凸出，出现灯芯效应，电镀铜层偏薄。灯芯效应与铜薄如图 6.5 所示。

图 6.5　灯芯效应与铜薄

② 解决对策：检查除胶段的超声振动是否太强，除胶槽液温度是否超标，板材是否有异常。必要时测试除胶量，看是否超标。

（6）膨胀和除胶均过度

① 现象描述：悬铜量大，树脂凹蚀严重，玻璃纤维凸出，孔壁异常粗糙，电镀铜层偏薄。玻璃纤维凸出与铜薄如图 6.6 所示。

图 6.6　玻璃纤维凸出与铜薄

② 解决对策：检查膨胀和除胶槽液温度是否在工艺范围内，超声振动是否太强，设备传送速率是否偏低（板在药液段中的浸泡时间过长），板材是否有异常。必要时测试除胶量，看是否超标。

2. 有机导电膜问题

（1）调整功能太弱

① 现象描述：电镀铜层覆盖不完整，电镀铜厚度自孔口向内明显变薄，基铜上的镀铜层也很薄。孔内铜薄与孔破如图 6.7 所示。

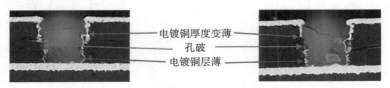

图 6.7　孔内铜薄与孔破

② 解决对策：调整剂含量不足或温度过低，应提高调整剂浓度或温度，并检查调整段设备有无异常。

（2）调整效果不好

① 现象描述：电镀铜层厚度足够，但未能完整覆盖孔壁，孔破主要发生在玻璃纤维处，如图 6.8 所示。

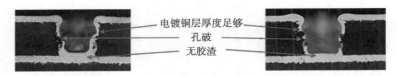

图 6.8　孔内玻璃纤维处孔破

② 解决对策：调整剂效果不佳，应更换其他调整剂。

（3）引发不足

① 现象描述：孔形正常，孔内电镀铜层逐渐变薄，有"螃蟹脚"，即孔角有裂缝，但无胶渣残留，如图 6.9 所示。

图 6.9　孔铜渐薄，有"螃蟹脚"

② 解决对策：检查引发槽液浓度、温度是否在工艺范围内，设备传输速率是否太快而导致板在药水段的处理时间过短，喷嘴是否有堵塞。

（4）引发槽内有气泡

① 现象描述：孔形和孔内电镀铜厚度均正常，个别孔底铜破，如图 6.10 所示。

② 解决对策：一般情况下该现象是由于引发槽内有气泡造成的，检查引发槽的喷流泵和管道是否漏气。

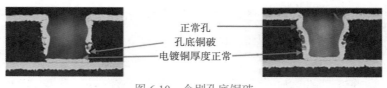

图 6.10　个别孔底铜破

（5）聚合不足

① 现象描述：孔形正常，孔内电镀铜层有变薄迹象，盲孔下部断铜（俗称"断脖子"），孔角完好，如图 6.11 所示。

图 6.11　孔铜"断脖子"

② 解决对策：检查聚合槽液浓度、温度等是否在工艺范围内，设备传输速度是否过快而导致板在药水段的处理时间过短，喷嘴是否有堵塞情况。

（6）聚合老化

① 现象描述：孔内电镀铜层逐渐变薄，特别是玻璃纤维处和盲孔底部有"螃蟹脚"，底铜上电镀铜层偏薄，如图 6.12 所示。

图 6.12　孔铜薄与"螃蟹脚"

② 解决对策：检查聚合槽液换缸周期，测量导电膜方阻是否在工艺范围内。必要时，更新槽液。

3. 电镀问题

（1）电镀前氧化

① 现象描述：孔壁电镀铜层正常，孔底氧化而不上铜，如图 6.13 所示。

② 解决对策：孔底不够清洁，检查镀铜前处理工作是否到位，如除油剂浓度、温度是否在工艺范围内，微蚀量是否足够（一般控制在 0.5 ～ 1.5 μm）。

图 6.13 孔底氧化而不上铜

（2）电镀气泡

① 现象描述：孔内电镀铜层不连续，孔口内凹，孔内呈圆形，严重时整个孔均无铜层。气泡造成孔铜不良如图 6.14 所示。

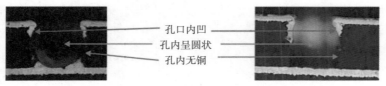

图 6.14 气泡造成孔铜不良

② 解决对策：检查前处理除油槽参数是否正常，电镀槽液喷流是否正常，喷嘴是否有堵塞，过滤／循环泵、循环管是否漏气，过滤泵是否产生微气泡。

（3）电流密度过高

① 现象描述：板面电镀铜层（通铜）粗糙，孔内铜层薄，深镀能力差，孔底铜层薄，甚至出现"螃蟹脚"，如图 6.15 所示。

② 解决对策：检查电流密度是否过高，电镀夹具导电是否良好，有无发热现象，电镀添加剂含量是否正常。

图 6.15 深镀能力差致使孔铜薄

6.1.3 结论

金属化孔工艺是印制电路板制造的核心工艺，无论是传统的化学铜工艺还是直接电镀工艺，都存在各种各样的缺陷和问题，需要工程技术人员在生产过程中加以改善，并能根据以前出现问题的原因采取相应预防措施。导电聚合物最大的特点就是节能环保，流程短，没有负载问题，可水平作业，操作简便，运作成本低，是比较理想的化学铜工艺的替代工艺，相信随着人们对导电聚合物工艺的深入研究与不断改进，这项稳定、经济、实用的电路板制造工艺一定能得到广泛的应用和推广。

6.2　提升 PCB 制造工艺的不溶性阳极 VCP 镀铜

印制电路板的基本功能是实现电气器件的电气信号导通性，其核心要求是保证电子产品在各种应用环境中的电气信号导通的可靠性。PCB 层间互连及线路导通均依靠以铜为基底的金属层。在双面及多层 PCB 制造过程中，金属化孔和电镀是实现层间导通的核心制程，目前其工艺流程主要是通过化学沉铜、导电碳材料或导电聚合物形成孔内基底导电层，然后通过电镀铜加厚，在镀铜添加剂配合作用下，形成具有良好导电性能和物理机械性能的镀铜层，从而实现可靠的孔内电信号导通性。

6.2.1　电流密度分布影响因素

PCB 产品在电镀过程形成的镀铜层的均匀性和一致性，对 PCB 工艺的品质稳定性和产品可靠性具有重大影响，如何保证在电镀铜过程中镀层在 PCB 不同位置的均匀性是整个行业技术发展和革新的重点研究方向。尤其是在当下 PCB 越来越精细化、高密度化的背景下，对于 PCB 生产过程中使用的设备及配套材料，人们均围绕着改善镀层均匀性进行革新。电镀铜过程遵循法拉第定律，即电解时电极上发生化学反应的物质的量与通过电解池的电荷量成正比。在电化学反应过程中，金属沉积厚度由电镀时间和施加在受镀产品表面的电流密度决定。在电镀铜过程中，影响电流密度分布的主要因素如下所述。

1. 一级电流分布

在电极没有极化和未受到其他因素干扰的情况下，由于阴极与阳极相对位置远近不同，其所产生的高低电流分布被称为一级电流分布，它取决于镀槽的几何形状，即阴极与阳极间的距离及其排列、大小、形状等。一级电流分布影响示意图如图 6.16 所示。

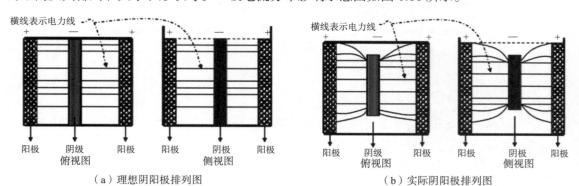

（a）理想阴阳极排列图　　　　　　　　　　（b）实际阴阳极排列图

图 6.16　一级电流分布影响示意图

2. 二级电流分布

当有电流通过电极时，电极的电势偏离平衡电势发生变化，这种变化被称为电极极化。由于电极产生极化，使局部实际电流分布与一级电流分布的状态有所不同，这种改变后的电流分布状态被称为二级电流分布，二级电流分布效应取决于电镀槽液的化学成分及其浓度，特别是硫酸铜、硫酸及氯化物等浓度的变化。电镀过程扩散层示意图如图 6.17 所示。

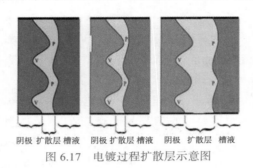

阴极 扩散层 槽液　　阴极 扩散层 槽液　　阴极 扩散层 槽液

图 6.17　电镀过程扩散层示意图

3. 三级电流分布

镀铜添加剂在镀铜过程中主要作用于金属离子脱去络离子→金属原子→进入金属晶格的双向过程，具有改变极化电位、晶格细化、避免金属晶格缺陷等作用，该作用被称为三级电流分布。

6.2.2　不溶性阳极镀铜添加剂分析

1. 镀铜添加剂的作用

镀铜添加剂的作用是多种组分——光亮剂、载运剂、整平剂等共同作用。

① 光亮剂（Brightener）：又称晶粒细化剂，主要为含硫有机化合物，分子量较小，在镀铜过程中可加速晶核的形成，提高局部电镀效率。

② 载运剂（Carrier）：又称抑制剂，主要为有机高聚物，分子分布较宽，分子量大小不同，可分布于不同位置，调整镀铜沉积效果。

③ 整平剂（Leveler）：分子量适中，在电场中具有改善极化电位的作用，在电镀过程中可调整沉积速率，提高微观均匀性。

2. 不溶性阳极 VCP 镀铜添加剂分析

（1）阳极反应对添加剂的影响

使用不溶性阳极 VCP 槽液铜离子添加方式一般采用副槽溶解氧化铜粉，在电镀过程中电极反应如下。

阳极反应：$H_2O - 2e^- \rightarrow 2H^+ + 1/2O_2 \uparrow$

阴极反应：$Cu^{2+} + 2e^- \rightarrow Cu$

阳极反应存在析氧反应过程，镀铜添加剂的有机组分容易被阳极析氧所氧化破坏（特别是含硫基或 S-S 键的光亮剂成分）。虽然在设备上通过采用阳极隔离膜对解决此问题有所帮助，但是不溶性阳极 VCP 镀铜添加剂仍需要对此采用特别的配方进行调整，对比可溶性阳极镀铜添加剂，在配方组分或使用方法上做出特别调整。

（2）添加剂分析方法

不溶性阳极 VCP 镀铜添加剂其组分的作用与直流电镀过程一致，一样可以用循环伏安剥离分析（Cyclic Voltammetric Stripping，CVS）技术进行分析，可实现数据定量分析管控。

① 镀铜添加剂 CVS 分析基本原理。

CVS 分析过程是通过一个带有三个电极（工作电极、参比电极、辅助电极）的电化学槽来实现的，CVS 分析基本原理如图 6.18 所示。在 CVS 测试过程中，工作电极上的电流会在设定的正负电压之间以固定的速率进行扫描，槽液中的金属会不断地被剥离或沉积在电极上，工作电极上的电量也会被记录下来。不同特性、不同浓度的添加剂最终会影响金属沉积的速率，而电镀速度可以通过从工作电极上剥离金属所需要的电流来计算，根据剥离电流和添加剂的特性之间的关系可以计算添加剂的成分，最后的测试结果以有效浓度来表示。

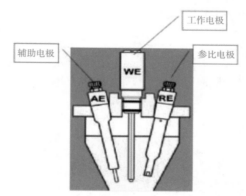

图 6.18　CVS 分析基本原理

② 光亮剂分析方法。

CVS 采用修正线性近似技术（Modified Linear Approximation Technique，MLAT）来分析光亮剂。根据不同的光亮剂和控制浓度确定其线性区间，用含有饱和抑制剂的溶液作为截距，加入一定体积的样品（标准溶液或槽液），然后经过两次添加光亮剂标准溶液，以循环电镀时的电量为纵坐标，以槽液中的效光亮剂含量为横坐标，得到循环伏安曲线，根据曲线上的数据确定其线性斜率，进一步计算出测试结果。某品牌不溶性阳极 VCP 药水镀铜光亮剂分析如图 6.19 所示。

说明：图 6.19 ~ 图 6.21 采用 MATLAB 软件绘制，为使文中相关物理量与图中保持一致，统一用正体表示。

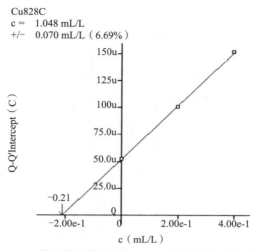

图 6.19　某品牌不溶性阳极 VCP 药水镀铜光亮剂分析

③ 抑制剂分析方法。

CVS 采用稀释滴定分析法（Dilution Titration，DT）分析抑制剂浓度。在测试时先根据工作槽液的抑制剂浓度范围，模拟配制一个已知抑制剂浓度的标准溶液，通过在不添加任何添加剂的纯电镀液（主要成分是 H_2SO_4、$CuSO_4 \cdot 5H_2O$ 和 Cl^-）中分几次滴入已知体积的标准溶液，以添加前后电量比值 Q/Q（0）为纵坐标，以溶液中抑制剂有效含量为横坐标，绘制校准曲线。通过校准曲线可得其校准因子 Z。在分析样品时导入校准曲线，分几次添加已知体积的样品，以添加前后电量比值 Q/Q（0）为纵坐标，以溶液中抑制剂有效含量为横坐标，绘制测量曲线，从而可根据校准因子计算得出该样品的抑制剂浓度 c，抑制剂分析曲线如图 6.20 所示。

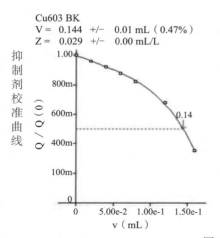

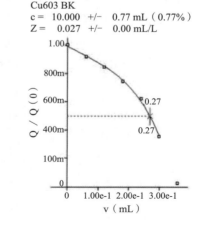

图 6.20　抑制剂分析曲线

④ 整平剂分析方法。

CVS 采用参考曲线法（Reference Curve, RC）来分析整平剂，利用其对电镀抑制的作用，通过在空白液中加入适量的光亮剂和抑制剂，再分几次加入整平剂标准溶液，以添加前后电量比值 Q/Q(0) 为纵坐标，以溶液中整平剂有效含量为横坐标，绘制校准曲线。在测试样品时导入校准曲线，加入固定体积的整平剂样品，然后与测试样品的初始电位值进行对比，最后得出测试结果。整平剂分析曲线如图 6.21 所示。

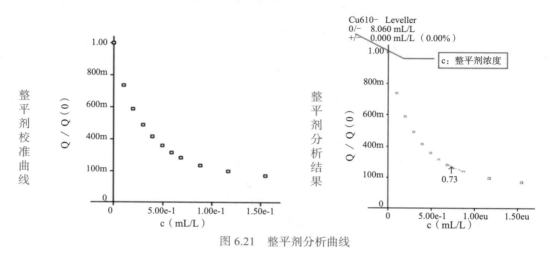

图 6.21　整平剂分析曲线

6.2.3　不溶性阳极 VCP 镀铜的优缺点

综上技术分析，使用不溶性阳极 VCP（Vertical Conveyor Plating，垂直连续电镀）设备，搭配专用镀铜添加剂是目前改善镀铜过程中电流分布的良好途径和发展方向。VCP 设备使用阴极移动和高速射流的方法，采用固定阳极面积的不溶性阳极可获得更理想的一级和二级电流密度分布，同时专用镀铜添加剂可改善三级电流密度分布，从而获得均匀的镀铜层，不溶性阳极与可溶性阳极性能对照如表 6.1 所示。

表 6.1　不溶性阳极与可溶性阳极性能对照

项目	可溶性阳极	不溶性阳极
铜的添加方式	磷铜不断电解出大量的 Cu 和微量 Cu_3P，Cu 进入镀液补充 Cu 离子，Cu_3P 变成黑褐色的阳极膜附着在磷铜表面	智能控制氧化铜粉，槽液组分可自动控制，无须定期添加阳极铜球及进行拖缸操作，作业简便，不溶性阳极可连续使用 2～3 年
阳极	在电镀过程中各铜球的溶解状态、整个电镀窗各区域的有效阳极面积有不同程度差异	阳极面积不变，可长期保持表面镀铜的均匀性并进行极差控制，以获得均匀的镀铜层，有效保证精细线路制作良率。不溶性阳极电镀体系中制作阳极的惰性材料主要是 IrO_2/Ti

项目	可溶性阳极	不溶性阳极
稳定性	在电镀过程中溶解不均匀，难以预测和计算比表面积和补充的铜离子数量，导致镀液铜离子失衡	稳定性好，无须进行阳极维护，无阳极泥生成
保养	定期清理阳极泥，维护阳极所需要的人力、时间成本高	无阳极泥，高速循环过滤使镀液洁净度高，避免镀铜颗粒和铜渣异常，无须定期清洗阳极和进行铜缸保养，减少人工、产能和阳极损耗，具有综合成本有优势；但添加剂消耗量相对较大

1. 不溶性阳极镀铜均匀性分析

在国内 PCB 行业，镀铜工序设备的发展历经了手动龙门设备、自动龙门设备，再到可溶性阳极 VCP 设备等阶段，推动设备革新的原动力均为 PCB 行业要求的不断提高。当下，由于 PCB 精密线路制作要求的提高，类载板技术如改良型半加成法（modified Semi-Additive Process，mSAP）已逐步在 PCB 制造工艺上得到应用，不溶性阳极 VCP 镀铜可以更好地保证镀层均匀性。

不溶性阳极 VCP 阳极面积固定不变，利用 VCP 设备阴极移动的方法，实现 PCB 镀铜过程水平方向电流分布一致，均匀性很好；在垂直方向上，受到阴、阳极高度差异的影响，需要采用阴、阳极挡板分散电流，由于不存在可溶性阳极磷铜球消耗导致的阳极面积变化，更易于控制调整。图 6.22 展示了 VCP 设备电流分布示意图。

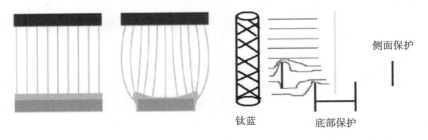

（a）水平方向电流分布　　　　（b）垂直方向电流分布

图 6.22　VCP 设备电流分布示意图

VCP 设备通过对射流喷嘴进行设计和增加循环量（VCP 设备循环量为 20 ～ 30 T.O.，龙门电镀设备循环量为 5 ～ 10 T.O.），以提高槽液传质过程，减薄电镀扩散层，提高电流分布均匀性。

注释：每小时整个槽液量过滤一次为 1 个 T.O.。

（1）表面镀层均匀性分析

下面我们以 A 厂内 1# 可溶性 VCP 设备和 2# 不溶性 VCP 设备生产的产品的表面镀层均

匀性（变异系数）（Coefficient of Variation，CoV）测试数据为例进行分析。

在一个槽液使用周期内，1# 可溶性 VCP 设备生产的产品的 CoV 值为 3.94% ～ 7.16%，表面镀铜极差为 4.02 ～ 7.08 μm，数据呈现波动变化，如图 6.23 所示。根据 A 厂阳极清洗周期，新配槽液并进行阳极清洗后，均匀性测试数据较为理想，长期运行后，性能逐渐下降，需要每 3 ～ 5 个月做一次阳极清洗保养来维持镀层均匀性。

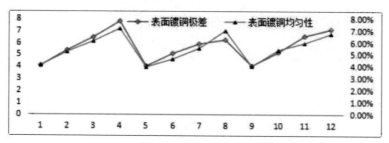

图 6.23　可溶性 VCP 设备生产的产品的 CoV 值

在一个槽液使用周期内，2# 不溶性 VCP 设备生产的产品的 CoV 值为 2.98% ～ 4.16%，表面镀铜极差为 3.02 ～ 4.44 μm，数据波动较小，在整个槽液使用寿命周期无须进行大保养，如图 6.24 所示。

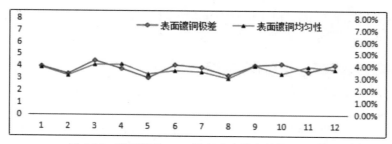

图 6.24　不可溶性 VCP 设备生产的产品的 CoV 值

（2）孔内铜厚均匀性分析

可溶性阳极 VCP 设备在长期运行过程中，随着阳极磷铜球的消耗及阳极泥的产生，导致阳极面积变化，当长期作业及保养不规范时，易出现钛篮内铜球悬空和钛篮底部阳极泥堆积现象，从而引起镀铜效率下降及均匀性变化，不得不通过降速或提高产线电流密度来保证 PCB 制作的孔铜铜厚。不溶性阳极 VCP 设备在长期运行过程中阳极无面积变化，无副产物沉积，无须牺牲效率或成本来保证孔铜铜厚。可溶性和不溶性阳极如图 6.25 所示。

仍以 A 厂内 1# 可溶性 VCP 设备和 2# 不溶性 VCP 设备为例，定期监测两台设备生产的产品的孔铜厚度数据，样本板厚为 1.6 mm，最小孔径为 0.2 mm 的某长期订单生产板，在正常进行化学沉铜后，以 45 min、35 A/ ft² （A/F）的电流密度的电流参数完成电镀

（1 ft^2=0.09290304 m^2），抽取样板监测最小孔铜厚度数据变化，可溶性和不溶性 VCP 设备镀铜最小孔铜变化如图 6.26 所示。

（a）可溶性阳极　　　　　　　　　　　（b）不溶性阳极

图 6.25　可溶性和不溶性阳极

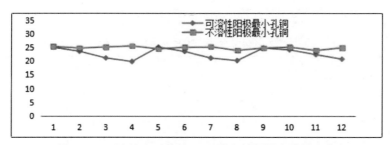

图 6.26　可溶性和不溶性 VCP 设备镀铜最小孔铜变化

可溶性阳极 VCP 随着阳极的不断补充、阳极膜积累以及多次的保养维护，抽测最小孔铜存在较大波动，严重时局部孔铜厚度偏小 20% 以上；不溶性阳极 VCP 孔铜稳定性较好。

2. 线路制作良率分析

目前，在 VCP 镀铜制程业内使用的电流密度均较高，常规使用电流密度范围为 20 ～ 40 ASF，槽液洁净度对镀铜品质影响显著，铜颗粒、铜渣问题是困扰 PCB 行业多年的顽疾。使用不溶性阳极 VCP 后，铜离子供应采用溶铜槽溶解氧化铜粉，然后根据电量采用自动添加方式自动控制槽液组分，材料纯度高，无阳极泥产生，极大地提高槽液洁净度，对于线路制作良率改善有较大帮助。

图 6.27 以 A 厂线路品质良率为例，统计对比了 1# 可溶性阳极 VCP 和 2# 不溶性阳极 VCP 的铜颗粒、铜渣报废数据。

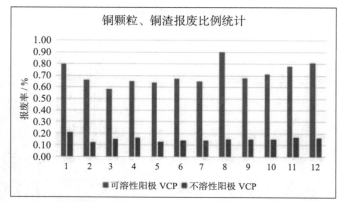

图 6.27　可溶性阳极 VCP 与不溶性阳极 VCP 铜颗粒、铜渣报废数据

3. 生产管控便捷性分析

目前，常用 PCB 镀铜不溶性阳极为 MMO（混合金属氧化物，Mixed Metal Oxide）结构钛网（典型有铱钽氧化物钛网），免更换保养周期一般可达 2 ～ 3 年，如果配合中性隔离技术，可达到 5 年以上使用寿命。在这期间镀液维护保养项目少，作业简便，人工需求少。可溶性和不溶性阳极 VCP 镀铜维护保养需求对比表如表 6.2 所示。

表 6.2　可溶性和不溶性阳极 VCP 镀铜维护保养需求对比表

维护保养项目	可溶降阳极 VCP			不溶降阳极 VCP			备注
	保养频率	每次耗时	人员需求	保养频率	每次耗时	人员需求	
补加铜球	每周一次	8～10 小时	2 人	—	—	—	
电解拖缸				—	—	—	
更换滤芯	每周一次	2 小时	1 人	每周一次	2 小时	1 人	
流量校正	每周一次	1 小时	1 人	每周一次	1 小时	1 人	不影响生产
碳芯过滤	每月一次	6～8 小时	1 人	每月一次	6～8 小时	1 人	
电解拖缸		6 小时	—		2 小时		
阳极清洗	3～5 个月一次	1 个工作日	6 人	—	—	—	
电解拖缸							
新配槽液	每年一次	2～3 工作日	6 人	每年一次	1 个工作日	2 人	

6.2.4　不溶性阳极 VCP 镀铜性能测试

1. 镀铜层晶格形貌

不溶性阳极 VCP 的镀铜电流密度分布良好，搭配专用镀铜添加剂，允许电流密度管控范围宽，在 8 ～ 40 ASF 电流密度范围内均可获得晶格良好的镀层，不溶性阳极 VCP 镀铜晶格图示如表 6.3 所示。

表 6.3　不溶性阳极 VCP 镀铜晶格图示

电流密度	10 ASF	20 ASF	30 ASF	40 ASF
金相显微 1000X 晶格形貌				
SEM 下 3000X 晶格形貌				

注释：ASF：A/ft^2；$1\ ft^2 = 0.09290304\ m^2$。

2. 镀铜层延展性

PCB 受热后在 X 和 Y 方向受玻璃纤维布的钳制，CTE 不大，一般为 $11 \sim 15 \times 10^{-6}/℃$，主要关注 Z 方向。参考 IPC-1401 标准，α_1 Z-CTE 为 T_g 以下热膨胀系数，标准最高上限为 $60 \times 10^{-6}/℃$；α_2 Z-CTE 为 T_g 以上热膨胀系数，该标准最高上限为 $300 \times 10^{-6}/℃$，而铜材的 CTE 仅为 $16.7 \times 10^{-6}/℃$，所以 PCB 可靠性主要针对镀铜层，核心关注镀层的延展性，尤其是在 PCB 制作过程中通过电镀加厚的孔内镀铜层。参考 IPC-TM-650 2.4.18.1、GB/T15821—1995 标准 4.1 以及 IPC-6012D 等标准，PCB 镀铜层抗拉强度应不低于 248 MPa（36000 PSI），伸长率不小于 12%；航天及军用抗拉强度应不低于 275 MPa（40000 PSI），伸长率不小于 18%。不溶性阳极 VCP 镀铜延展性测试如图 6.28 所示，不溶性阳极 VCP 镀铜延展性测试结果如表 6.4 所示。在正常作业管控下，不溶性阳极 VCP 镀铜层均能满足要求。

表 6.4　不溶性阳极 VCP 镀铜延展性测试结果

测试样品		测试结果	
		抗拉强度 / MPa	延伸率 / %
纵向	1	316.1	24.70
	2	312.1	24.27
横向	3	318.6	25.58
	4	319.7	24.40
平均值		316.7	24.74

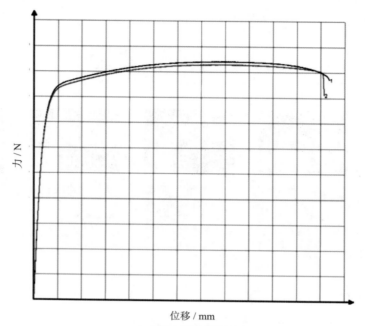

（a）纵向延展性测试图

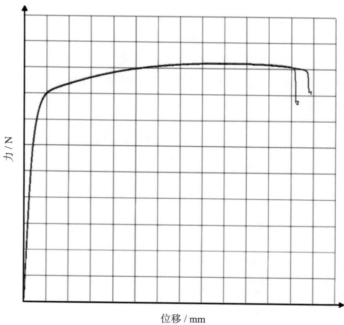

（b）横向延展性测试图

图 6.28　不溶性阳极 VCP 镀铜延展性测试

3. 镀铜层可靠性

行业内可靠性的测试方法很多，其测试都是针对 PCB 或 PCBA 的整体功能的，而不是单一针对 PCB 镀铜层的。在 PCB 镀铜层厚度、外观、微观晶格、延展性和均匀性等各方面指标均良好的情况下，镀铜层是 PCB 可靠性达标的必要非充分条件。本书参考 IPC 标准常用的热应力测试和高低温冷热循环测试，检验不溶性阳极 VCP 镀铜层可靠性。

（1）热应力测试检验

参考 IPC-TM-650 2.6.8 标准，设置无铅锡炉温度为 $288 \pm 5\,℃$，进行 10+1/-0 s 热应力实验 10 次，切片检验镀层，无断裂、无孔壁分离及内层连接异常等缺陷，不溶性阳极 VCP 镀铜热应力实验切片如图 6.29 所示。

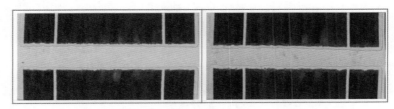

图 6.29　不溶性阳极 VCP 镀铜热应力实验切片

（2）高低温冷热循环测试检验

参考 IPC-TM-650 2.6.6A 级标准，设置温度为 $-65 \sim 125\,℃$，进行 1000 次高低温冷热循环测试，通过电测及切片检查，确认孔内无断裂、无孔壁分离及内层连接异常等缺陷，不溶性阳极 VCP 镀铜高低温冷热循环测试条件与结果分别如表 6.5 和表 6.6 所示。

表 6.5　不溶性阳极 VCP 镀铜高低温冷热循环测试条件

Step	Temp./ ℃	Time / min
1	125+3/-0	30
2	25+10/-5	10～15
3	-65+0/-5	30
4	25+10/-5	10～15

表 6.6　不溶性阳极 VCP 镀铜高低温冷热循环测试结果

型号	类型	测试条件	结果
1	PCB 4L，1.6 mm	1000 Cycle	Pass
2	PCB 8L，1.8 mm	1000 Cycle	Pass
3	PCB 6L，2.0 mm	1000 Cycle	Pass
4	PCB 8L，3.0 mm	1000 Cycle	Pass

6.2.5　结论

不溶性阳极 VCP 镀铜工艺在品质提升和作业自动化、便捷性方面具有明显优势，同时具有无阳极泥造成的铜球消耗，无须频繁进行拖缸保养、人力需求少等成本优势。期待本书能为业内同行解决 PCB 制作工艺困扰或瓶颈问题，提供更好的方案和参考思路。

6.3　脉冲电镀与直流电镀对比分析

随着 5G 时代的到来，大尺寸、多层、大厚径比印制板成为 PCB 行业的发展趋势。随着厚径比越来越大，电镀铜成为制约 5G 高难度 PCB 量产的关键技术。相比传统直流电镀，脉冲电镀在高电流密度条件下可以减少生产周期，可靠性更高，电镀更加均匀，因此越来越多 PCB 厂家选用脉冲电镀药水进行生产，以满足更高标准的工艺要求。

脉冲电镀工艺具有减少电镀时间、增加电镀产能、提升深镀能力（TP），间接减少材料成本，降低后工序加工难度等优点，适用于垂直连续电镀（VCP）线与龙门电镀线，已成为众多大型 PCB 厂首选的电镀工艺。针对脉冲电镀的各项性能评估，我们进行了系统的测试研究。在脉冲电镀药水领域，一直以来基本上都是国外品牌麦德美一枝独秀，其他品牌少有能与之竞争的产品。近年来，随着国内材料技术的不断发展，市场上陆续出现了一些同类竞品，其中极个别国产脉冲电镀药水目前已经可以达到商用的性能要求，并在 5G 的 PCB 生产中大批量应用。由于电镀药水影响 PCB 的电性能，尤其是大厚径比的 PCB，对药水的深镀能力和镀层可靠性要求更高，电镀药水对 PCB 最终可靠性至关重要，所以在拓展药水供应渠道的同时，必须保证药水有稳定的性能。本节以已经在 5G PCB 生产中批量应用的某国产品牌脉冲药水的性能测试为例，重点介绍脉冲电镀药水在性能、成本及效率方面的优势。

6.3.1　脉冲电镀及其原理

1. 脉冲电镀

在进行脉冲电镀时会出现正脉冲和负脉冲周期，在正脉冲周期（T_F），光亮剂／承载剂吸附于 PCB 表面；在负脉冲周期（T_R），高电位的光亮剂会从 PCB 表面回归电镀液。在下一个正向周期（T_F），光亮剂再次附着于 PCB 表面，因承载剂功能会加强极化效果，导致高电位区微观双电层及扩散层厚度大大增加，而在低电位区变化不大，从而达到了改变高低电位光亮剂（电镀加速剂）浓度的目的，提升了低电位区的沉积速度，使低电位区电镀速度的增加远高于表面铜厚度的增加，提升了对大纵横比 PCB 镀铜的深镀能力。脉冲电镀相比传统直流电镀能显著提高对 PCB 镀铜的深镀能力，通过应用脉冲电源，在高速脉冲电流与电镀液和添加剂的作用下，产生新的极化电阻，使阴极表面镀层厚度更加均匀，从而解决了大厚径比微小孔及 HDI 盲孔的电镀质量。典型脉冲波形如图 6.30 所示。

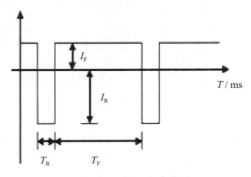

图 6.30　典型脉冲波形

在图 6.30 中，I_F 表示正脉冲电流；I_R 表示负脉冲电流；T_F 表示正脉冲周期；T_R 表示负脉冲周期。

2. 脉冲电镀原理

在电镀开始时，载体分子改变其在阴极表面上的取向，成为极化分子。在施加正向电流期间，铜被镀在电路板表面和孔壁处，此时载体分子的正电荷正对电路板，不断被吸引并沉积在电路板表面，在电位高的地方，电沉积速度会更快，正向脉冲电镀示意图如图 6.31 所示。

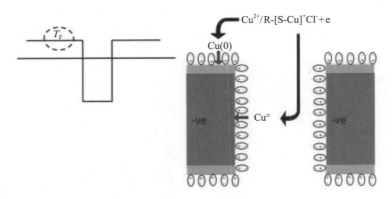

图 6.31　正向脉冲电镀示意图

但在更强的反向电流期间，电路板带正电荷，迫使载体分子"旋转"，此时载体分子负电荷正对电路板，成为与电路板对接的偶极子。在高密度电流区域，比如孔角位置，载体分子更容易被极化，扩散层厚度增加，且抑制了此处的放电，负向脉冲电镀示意图如图 6.32 所示。

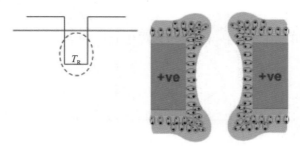

图 6.32　负向脉冲电镀示意图

在反向周期之后，整流器返回到正向周期，电路板表面被负电荷极化。在高密度电流区域的载体分子量和质量较大，在很长一段时间内将保持其极性，也就是说，在孔角处扩散层的增厚将会抑制电沉积的发生，而在极化较弱的孔壁中心，将会有更快的沉积速度，正向脉冲前期电镀示意图如图 6.33 所示。

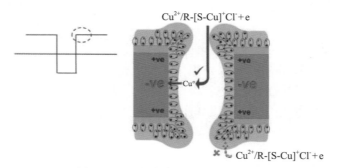

图 6.33　正向脉冲前期电镀示意图

在正向循环的后期，载体分子被重新排列，就如同直流电镀一样，正电荷面向 PCB 表面，PCB 板面和孔壁上的铜离子被还原为铜（Cu）分子。在如此正反周期脉冲的作用下，最终使孔内铜厚增厚，深镀能力（TP）值大于 100%。正向脉冲后期电镀示意图如图 6.34 所示。

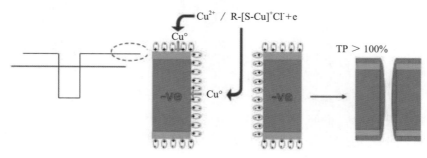

图 6.34　正向脉冲后期电镀示意图

6.3.2　酸性镀铜液主要成分及相关功能

1. 酸性镀铜液主要成分

酸性镀铜液主要成分如下。

① 硫酸铜（$CuSO_4+5H_2O$）：主要作用是提供电镀所需 Cu^{2+}，提高导电能力。

② 硫酸（H_2SO_4）：主要作用是提高镀液的导电性能和通孔电镀的均匀性。

③ 氯离子（Cl^-）：主要作用是帮助阳极溶解，增强添加剂的吸附能力，协助改善铜的析出结晶。

④ 有机添加剂：主要作用是改善均镀和深镀性能，改善镀层结晶细密性。

2. 有机添加剂的功能

当酸性镀铜液中未加任何添加剂时,铜离子选择在高能量表面结晶,所获得的镀层表面是粗糙且无光泽的, 甚至是粉状易碎的, 即使经高温烘烤释放应力后,亦无法改变镀层易脆的性质,通过切片观察发现,结晶状况呈现柱状结构, 漂锡后镀层易破裂,柱状结晶如图 6.35 所示。为了提升镀层抗拉强度和延伸率等物性,必须设法在电镀过程中得到结晶较细致的镀层,使它在外观和功能上都比较理想。

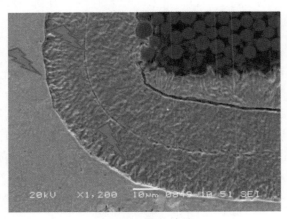

图 6.35　柱状结晶

铜离子吸附在阴极表面, 初期并未紧密接触, 仅一个晶面与铜表面相互作用,同时在阴极表面亦存在其他的铜离子并沿着阴极表面向周围移动（表面扩散）。此时, 一部分铜离子将再次溶解, 一部分铜离子则进入原有的晶体内, 或者当铜离子吸附的数量达到临界状态时, 形成新的核子,不再溶解,继续变大成为新的晶体。晶核的生长和结晶的生长是同时进行的, 如果晶核的生长速度较快, 则形成晶粒数目较多, 晶粒较细;反之, 如果结晶的生长速度较快, 晶粒就较粗糙。因此, 只要能在电镀过程中控制晶核的生长速度大于结晶的生长速度, 就可以获得结晶较细致的镀层。光亮剂就是为了增加晶核的生长速度而设计的。

在镀铜时增大过电压有助于提高表面离子的吸附能力，使晶核形成速度加快。因此，选择合适的电镀槽液组成、电流密度、温度、搅拌和循环方式及添加剂等参数，都会影响镀铜时的过电压，进而影响镀层品质。

有机添加剂在电镀液中的功能是，利用有机物在阴极表面的吸附反应形成薄膜以及有机物的加速性和抑制性的平衡反应，使镀层结晶细致，以增加镀铜延展性和电镀效率，同时也可调整高低电流区的沉积速率，达到增加贯孔均匀性和平整性的目的。

3. 常用有机添加剂及其作用机理

常用有机添加剂主要有光亮剂、承载剂和整平剂。

（1）光亮剂

为了控制晶核的生长速度，使结晶细致，获得排列紧密的镀层，光亮剂通常为含硫的小分子量化合物，扮演晶种的角色，以降低铜离子还原的活化能。例如，R1-S-S-R2 类化合物，大都具有相异分子、低分子量、高极性及离子特征的特性，在电镀时易解离，解离后的 R-S 与铜形成 CuS，CuS 不易溶于水，易吸附在铜的表面，增大溶解能量而沉积，形成新晶核，使镀铜速率加速，镀层较为细致，提高了物性，同时得到光亮的表面。简单讲，光亮剂可选择性吸附在镀层表面，降低了表面阻抗，提高了沉积速率，且由于形成晶核的速度大于结晶生成的速度，因此结晶较细致，可形成光亮的表面。

（2）承载剂

承载剂多为高分子量的化合物，如聚醚类和聚乙二醇类化合物，其分子量大都在 5000 ～ 15000 之间。与光亮剂的角色相反，为了避免出现粗糙的铜结构，承载剂具有增加极化的功能，能吸附在铜面阻挡铜离子的扩散，进而抑制铜的成长（所以又被称为抑制剂），尤其是在高电流区域的吸附能力极强，使得高／低电流区的极化电阻趋于一致，使贯孔及表面均匀性得到改善。简单讲，承载剂吸附在所有受镀表面，增加表面阻抗，从而改变分布不良情况，抑制沉积速率。

（3）整平剂

整平剂易裂解，裂解后与铜共同沉积于镀层中，使镀层物性变差；吸附在镀层表面的整平剂会抑制电镀沉积过程，且往往在电流密度高的位置，吸附效果更好；当微观铜面存在凹坑和凸起时，凸起位置往往由于电流密度高更容易沉积整平剂，进而导致沉积速率较凹坑位置的沉积速率慢，从而达到整平效果。简单讲，整平剂选择性地吸附到受镀表面，由于不同位置的吸附浓度不同，抑制沉积速率效果也不同，从而达到整平的效果。

（4）作用机理

承载剂（c）快速地吸附到所有受镀表面并均匀地抑制电沉积；光亮剂（b）吸附于低电流密度区并提高沉积速率；承载剂（c）和光亮剂（b）的交互作用产生均匀的表面光亮度，

承载剂与光亮剂的作用机理如图 6.36 所示。

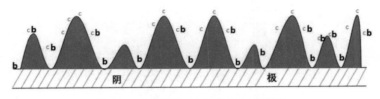

图 6.36　承载剂与光亮剂的作用机理

承载剂（c）抑制沉积，光亮剂（b）加速沉积，整平剂（L）抑制凸出区域的沉积，扩展光亮剂（b）的控制范围，光亮剂、承载剂、整平机的作用机理如图 6.37 所示。

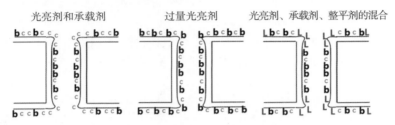

图 6.37　光亮剂、承载剂、整平机的作用机理

4. 改善柱状结晶措施

研究电结晶主要采用电化学方法，电结晶的形核和生长动力学一般受电化学控制和扩散控制。电结晶的一般过程是：离子由本体溶液迁移至电极表面附近的液相中（扩散控制），离子在电极表面获取电子转变成原子并实现结晶（电化学控制）。铜电结晶过程受许多因素影响，例如，电解液组成、pH 值、添加剂、金属离子、基体及电沉积条件等。改善柱状结晶的主要措施如下所述。

① 选择优良的承载剂，选用合适黏度的聚醚，使其能保证在电镀液中有优异的抑制性和分散性，能够非常有效地吸附在阴极表面，提高极化能力，阻碍铜的生长。

② 保证光亮剂在低电流密镀区的有效吸附，使晶核的生长速度要快于结晶的生长速度。合理控制光亮剂浓度，对保证晶核的生长速度快于结晶的生长速度至关重要。

③ 可通过适当降低电流密度和反向脉冲强度来改善电镀晶体粗糙度。

④ 保证 Cu^{2+} 浓度不能过低，太低会导致 Cu^{2+} 供应不及时，从而导致晶核形成概率较小，结晶粗糙。

综上所述，在光亮剂与承载剂相辅相成的作用下，孔壁镀层才会形成细致的结晶，同时表现出良好的深镀能力，两者浓度的合理搭配在电镀过程控制中至关重要，当然也要保证其他成分控制在合理的范围内。

6.3.3　脉冲电镀槽与直流电镀槽维护比较

（1）直流电镀槽维护

① 通常是 3 ～ 6 个月洗缸一次，清理缸内杂物和阳极泥。

② 依据 TOC（Total Organic Carb，总有机碳）数据，一般 12 个月以上做 1 次碳处理，降低 TOC；或者直接开新缸。

（2）脉冲电镀槽维护

① 每 1 个月进行 1 次碳芯过滤，降低 TOC。

② 每 3 个月清洗 1 次阳极泥和铜球筒。

③ 依据 TOC 数据，一般 10 个月以上做 1 次碳处理，降低 TOC；或者直接开新缸。

（3）脉冲电镀与直流电镀在维护上的差别

① 相对于直流电镀，脉冲电镀采用了更大的电流，整体 TOC 的增长和累计相对快，所以每月进行 1 次碳芯过滤是必要的，整个槽液的更槽周期为 8 ～ 10 个月，比直流电镀的更槽周期 12 个月短。

② 脉冲电镀采用正反向电流模式，阳极泥的状态相对于直流电镀要厚，但致密度不及直流阳极膜，一般 3 个月需要清理 1 次阳极泥，否则底部钛篮阳极泥会引起阳极铜球电解受阻、铜球面钝化等一系列问题。

6.3.4　脉冲电镀药水的优势

1. 深镀能力

（1）深镀能力计算方法

深镀能力（TP）是衡量电镀铜厚均匀性的一项重要指标，TP 值越大，说明孔铜越厚。良好的深镀能力对压接孔至关重要，直接影响连接器与 PCB 接触的可靠性。深镀能力有两种计算方法，每种方法计算的 TP 值一般都要求大于 90%，如图 6.38 所示。

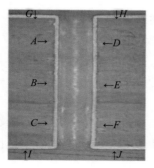

$$TP\ 平均值 = [(A+B+C+D+E+F)/6]/[(G+H+I+J)/4] \times 100\%$$
$$TP\ 最小值 = [(B+E)/2]/[(G+H+I+J)/4] \times 100\%$$

图 6.38　深镀能力（TP）计算方法

（2）深镀能力测量结果

深镀能力测试板采用 FR-4 板材，测试板板厚分别为 2.0 mm、3.0 mm、4.4 mm、5.0 mm、8.0 mm，每种板厚的测试板的深镀能力（TP）值均大于 90%，说明国产 A 品牌脉冲药水具有良好的深镀能力，可以满足不同板厚、不同厚径比的 PCB 镀铜均匀性要求。深镀能力数据如表 6.7 所示，不同厚径比典型微切片如图 6.39 所示。

表 6.7　深镀能力数据

板厚 / mm	切片孔径 / mm	厚径比 / AR	面铜铜厚 / μm				孔内铜厚 / μm						深镀能力	
			G	H	I	J	A	B	C	D	E	F	TP 平均值 / %	TP 最小值 / %
2.0	0.25	8 : 1	29.3	28.6	30.2	30.2	32.4	31.5	34.7	32.4	31.8	33.1	110	107
3.0	0.25	12 : 1	32.1	33.4	34.7	33.1	36.9	38.8	37.2	36.9	39.1	36.9	113	117
4.4	0.20	22 : 1	23.3	25.5	24.4	25.8	24.2	27.8	25.3	27.5	28.6	26.7	108	114
5.0	0.25	20 : 1	29.1	31.1	31.1	30	35.4	34.0	37.7	38	35.4	41.7	122	114
8.0	0.425	19 : 1	27.0	27.0	27.0	26.3	26.3	25.7	25.0	27.6	25.0	24.8	96	95

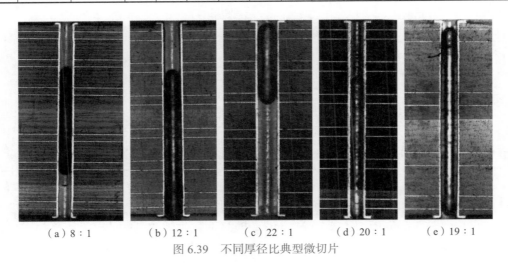

(a) 8 : 1　　　(b) 12 : 1　　　(c) 22 : 1　　　(d) 20 : 1　　　(e) 19 : 1

图 6.39　不同厚径比典型微切片

2. 脉冲电镀与直流电镀节省铜球费用对比

（1）铜球成本对比

① 直流电镀：板厚为 1.2 ～ 2.0 mm，电流密度为 30 ASF，深镀能力 TP 值分别达到 90%、85% 和 70%；板厚为 3.0 mm，电流密度为 25 ASF，深镀能力 TP 值为 60%。

② 脉冲电镀：目前上述规格板的深镀能力 TP 值均在 100% 以上。

③ 由于 TP 的差异，同样镀孔要求铜厚度达到 25 μm，采用直流电镀较采用脉冲电镀成本

增加，折算到每平方米 PCB 上的铜球成本，依板厚及纵横比的不同，可分别节省 7.0 元 / m²、7.8 元 / m²、13.9 元 / m² 和 19.4 元 / m²，随着板厚及纵横比的增加，节省铜球成本更多，铜球成本核算如表 6.8 所示。

表 6.8　铜球成本核算

序号	电镀类型	板厚 / mm	最小孔径 / mm	电流密度 / ASF	AR（厚径比）	最小 TP 值 / %	孔铜要求 / μm	面铜厚度 / μm	铜厚节约（脉冲 - 直流）/ μm	1m² PCB 节省铜 / g	磷铜球单价每 / （元 / kg）	1 m² PCB 节省铜价值 / （元 / m²）
1	直流电镀	1.2	0.25	30	4.8 : 1	90%	25	27.8	6.1	108.2	65	7.0
	脉冲电镀	1.2	0.25	35	4.8 : 1	115%	25	21.7				
2	直流电镀	1.6	0.25	30	6.4 : 1	85%	25	29.4	6.7	119.8	65	7.8
	脉冲电镀	1.6	0.25	35	6.4 : 1	110%	25	22.7				
3	直流电镀	2.0	0.2	30	10 : 1	70%	25	35.7	11.9	213.3	65	13.9
	脉冲电镀	2.0	0.2	35	10 : 1	105%	25	23.8				
4	直流电镀	3.0	0.2	25	15 : 1	60%	25	41.7	16.7	298.7	65	19.4
	脉冲电镀	3.0	0.2	25	15 : 1	100%	25	25.0				

（2）产能对比

以普通板厚为 1.6 mm、孔径为 0.25 mm 的 PCB 为例，脉冲电镀的电流密度为 35 ASF，直流电镀的电流密度为 30 ASF，镀孔铜厚为 25 μm；直流电镀时间为 46 min，脉冲电镀时间 36 min；电镀槽长为 45 m，脉冲电镀的线速为 1.25 m/min，直流电镀的线速为 0.98 m/min，效率提升 27.6%，产能效率核算如表 6.9 所示。

表 6.9　产能效率核算

项目	脉冲电镀	直流电镀
电流密度 / ASF	35	30
时间 / min	36	46

项目	脉冲电镀	直流电镀
孔中间最小铜厚估算	35 ASF × 36 min × 0.023 × 0.8 × 110%=25.5 μm 其中，电镀系数为 0.023，TP 值为 110%	30 ASF × 46 min × 0.023 × 80%=25.39 μm 其中电镀系数为 0.023，TP 值为 80%
产能	电镀槽 45 m，常用 PCB 板长为 0.72 m，产能（未计入更换料号期间空缸的影响）计算如下。 　1 次镀铜厚度为 25 μm，电镀参数为 35 ASF/36 min，线速为 1.25 m/min，每天按照 23 h 计算，每月按 28 天计算，可得： 　① 每天产出 =23 h × 60 × 1.25 × 0.72 m= 1242 m²； 　② 每月产出 =1242 × 28=34776 m²	电镀槽 45 m，常用 PCB 板长为 0.72 m，产能（未计入更换料号期间空缸的影响）计算如下。 　1 次镀铜厚度为 25 μm，电镀参数为 30 ASF/46 min，线速为 0.98 m/min，每天按照 23 h 计算，每月按 28 天计算，可得： 　① 每天产出 =23 h × 60 × 0.98 × 0.72 m=974 m²； 　② 每月产出 =974 × 28 =27272 m²

注释：ASF：A/ft²；1 ft²=0.09290304 m²。

（3）脉冲整流器成本分析

以板厚为 1.6 mm、孔径为 0.25 mm 的 PCB 为例，要求平均孔铜厚为 25 μm，脉冲电镀线月产量按 34776 m² 计算，从节省的铜球成本中扣除脉冲电镀光亮剂比直流电镀光亮剂成本增加的部分，每平方米 PCB 使用脉冲电镀线加工可节省成本 4.8 元，则 1 条 45 m 的脉冲电镀线每月可节省 16.69 万元。1 条脉冲电镀线按需要安装 15 台双输出的脉冲整流器计算，总投入需要 180 万元，以每月节省的 16.69 万元抵扣，可在 10.79 个月左右收回脉冲整流器的投资，脉冲整流器投资回收周期核算如表 6.10 所示。

表 6.10　脉冲整流器投资回收周期核算

单线月产量 / m²	PCB 节省铜价值 /（元 / m²）	PCB 消耗直流电镀光亮剂成本 /（元 / m²）	PCB 消耗脉冲电镀光亮剂成本 /（元 / m²）	1 m² PCB 节省铜价值减去脉冲电镀光亮剂成本增加部分 /（元 / m²）	1 条线 1 个月 PCB 节省成本 / 万元	1 条线需要脉冲整流器 / 台	脉冲整流器单价 /（万元 / 台）	脉冲整流器总投入 / 万元	脉冲整流器回本时间 / 月
34776	7.8	2.0	5	4.8	16.69	15	12	180	10.79

6.3.5　结论

① 性能方面：深镀能力测试板采用 FR-4 板材，测试板板厚分别为 2.0 mm、3.0 mm、4.4 mm、5.0 mm、8.0 mm，每种板厚的测试板的深镀能力 TP 值均大于 90%。

② 效率方面：以普通板厚为 1.6 mm、孔径为 0.25 mm 的 PCB 为例，脉冲电镀比直流电镀效率提升 27.6%。

③ 成本方面：以板厚为 1.6 mm、孔径为 0.25 mm 的 PCB 为例，采用脉冲电镀线比采用直流电镀线每平方米 PCB 可节省加工成本 4.8 元。

6.4 大尺寸双面可压接器件的盲孔背板

大尺寸双面可压接器件的盲孔背板可实现在元件面和焊接面上同一个孔位的 2 个独立的金属化孔引出内层的 2 个信号网络，从而大幅度提高背板设计的布线密度和器件密度，使背板容量可提高至少 1 倍以上，其产品特性如下：

① 盲孔需要进行压接，在进行二次压合加工时，盲孔溢出高度需要 < 0.50 mm。

② 大厚径比钻孔，两次钻孔孔间距偏差需要控制在 +/-3 mil（1 mil=0.0254 mm）。

③ 二次压合后形成深盲孔，需进行盲孔保护，避免在 PCB 湿制程中药水对其造成腐蚀，同时在电性能测试前需要将保护层去除。

④ 板件层数大于 34 层，产品尺寸大于 32 in（1 in=2.54 cm），同时需要进行两次压合，需保证层压对位 < 10 mil（1 mil=0.0254 mm）及内层孔到线设计。

⑤ 通常盲孔保护采用铜箔覆盖，压合前需要对 PP 钻孔，避免压合溢胶导致焊盘上胶。

⑥ 通常盲孔双面背钻，存在多种深度背钻，双面背钻背板如图 6.40 所示。

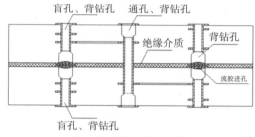

（a）双面背钻背板示意图

（b）双面背钻背板切片

图 6.40　双面背钻背板

6.4.1　双面盲孔加工工艺流程

1. 内层子板制作

（1）加工流程

加工流程如下：

下料→内层图形→内层蚀刻→棕化→层压→钻孔→沉铜→电镀→外层图形→图形电镀→背钻→外层碱蚀→外层检验→化镍金。

（2）制作说明

① 钻孔：只加工 PCB 中的盲孔。

② 背钻：对盲孔中的背钻孔进行背钻。

③ 化镍金：对盲孔进行表面涂覆处理，同时保护子板以避免在后续制程中被氧化。

盲孔子板制作如图 6.41 所示，该图展示了产品加工后的效果。

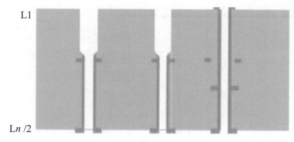

图 6.41　盲孔子板制作

2. 盲孔压合

（1）加工流程

加工流程如下：

假层芯板蚀刻→不流胶 PP 钻孔→子板棕化→层压。

（2）流程说明

① 假层芯板蚀刻：在两块子板中间进行压合时，增加假层芯板，避免缺胶。

② 不流胶 PP 钻孔：对盲孔位置进行钻孔，避免树脂进入盲孔。

子板压合如图 6.42 所示，该图展示了产品加工后的效果。

3. 外层制作

（1）加工流程

加工流程如下：

钻孔→沉铜→电镀→外层图形→图形电镀→背钻→外层碱蚀→外层检验→化镍金→外形→撕保护铜箔→字符→电测试→成品检验→包装入库。

（2）流程说明

① 钻孔：钻通孔。

② 背钻：通孔背钻。

③ 撕保护铜箔：撕盲孔保护铜箔，同时对产品外观进行检验，主要检验盲孔内是否有残

留树脂，盲孔内是否因进药水导致氧化。

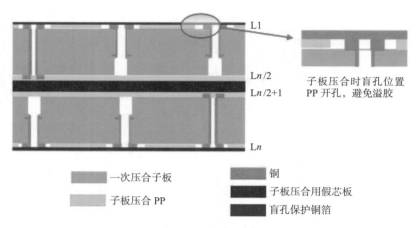

图 6.42　子板压合

与常规 PCB 对比，外层流程没有进行绿油保护，其主要原因是，在绿油制程中需要在约 150℃ 下，进行 2 h 的高温烘烤制程，在电镀等制程中盲孔内吸入的少量水分将变成气态膨胀，使盲孔保护铜箔与黏结的 PP 分离，在油墨显影工序、化镍金制程中药水容易侵入分离位置不断腐蚀铜箔，最终导致失效。此结构 PCB 外层覆盖有一层不流胶 PP，在功能上与绿油一致，对外层线路和铜面起到保护作用，因此，双面盲孔 PCB 可以不进行表面涂覆绿油工艺处理。

外层加工效果如图 6.43 所示，该图展示的是产品加工后的效果。

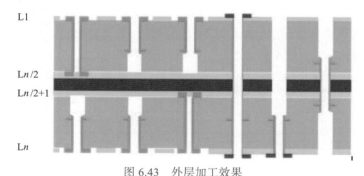

图 6.43　外层加工效果

6.4.2　双面盲孔制作能力

1. 产品结构

产品结构示意图如图 6.44 所示

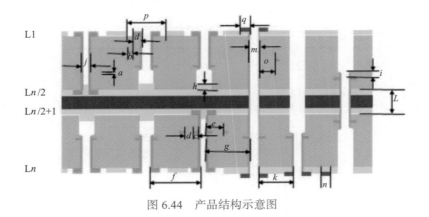

图 6.44　产品结构示意图

2. 双面盲孔通用设计规则建议

双面盲孔通用设计应重点关注孔公差和孔间距，双面盲孔通用设计规则建议如表 6.11 所示。

表 6.11　双面盲孔通用设计规则建议

	标注	项目	设计要求	说明
总能力		板厚	5.0 ～ 10.0 mm	
		加工尺寸	长≤ 1130 mm，宽≤ 560 mm	
		表面贴	只能连通孔	
		孔分布	通孔和盲孔各自集中	
		孔公差	+/-0.05 mm	
		厚径比	≤ 16：1	
		表面涂覆	采用化镍金（ENIG）工艺	
内层	a	芯板铜箔厚度	≤ 1 oz（2 oz 不超过两块芯板）	增加 2 oz 层芯板，会对产品整体对位产生影响
	b	线宽	≥ 3.5 mil	
	c	环宽	≥ 8 mil	IPC2 级标准
	d	隔离环	≥ 12 mil	
	e	盲孔到线间距	≥ 12 mil	
	f	盲孔孔壁到盲孔孔壁间距	＞ 0.5 mm	
	g	盲孔到通孔孔壁间距	≥ 48 mil	
	h	盲孔孔底溢胶	≤ 0.5 mm	
	i	背钻 Stub	≤ 12 mil	
	j	盲孔孔径	0.45 ～ 3.0 mm	

	标注	项目	设计要求	说明
外层	k	通孔孔壁到通孔孔壁间距	> 0.5 mm	孔壁间距小，存在玻璃纤维分层的风险
	p	PP 开孔孔径	> j+0.8 mm	
	L	假层厚度	> 0.45 mm	
	m	通孔孔径	≥ 0.45 mm	
	n	线宽	≥ 12 mil	
	o	通孔孔壁到线间距	≥ 14 mil	
	q	外层环宽	≥ 8 mil	

注释：1 mil=0.0254 mm；1 oz=35 μm。

3. 通孔盲孔间距大于 1.2 mm 要求说明

通孔盲孔的间距要大于 1.2 mm，其中 PP 开窗孔径单边加大 16 mil（1 mil=0.0254 mm），PP 黏结宽度最小为 8 mil，最优为 16 mil，外层隔离环大于 8 mil，外层环宽大于等于 8 mil，通孔盲孔间距大于 1.2 mm 说明如图 6.45 所示。

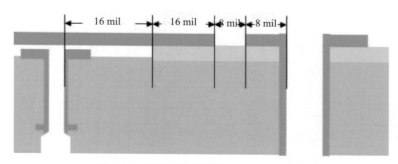

图 6.45　通孔盲孔间距大于 1.2 mm 说明

注释：1 mil=0.0254 mm。

6.4.3　新双面盲孔压接方案

1. 连接器插座说明

选用连接器中间距为 1.2 mm，压接孔直径为 0.5 mm（地孔）及 0.36 mm（信号孔），在 PCB 加工中，实际钻孔直径为 0.6 mm（地孔）和 0.45 mm（PCB 子板信号孔），实际孔壁间距为 1.2 mm-0.3 mm-0.225 mm=0.675 mm（27 mil）（1 mil=0.0254 mm），插座平面图如图 6.46 所示，插座间距与直径如图 6.47 所示，超出常规双面盲孔 PCB 技术规则，按照常规工艺方法，无法加工。

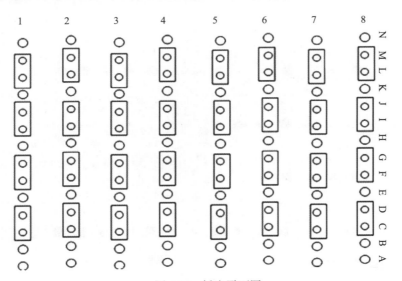

图 6.46　插座平面图

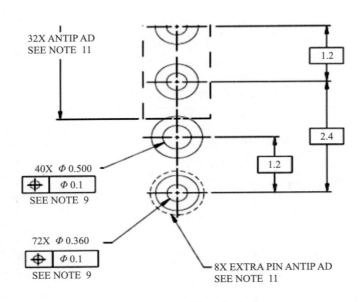

图 6.47　插座间距与直径

2. 新双面盲孔 PCB 制作

新双面通孔盲孔分孔思路：因为通孔盲孔间距只有 27 mil（1 mil=0.0254 mm），所以盲孔保护铜箔应该覆盖邻近的通孔，以有效保护盲孔不受蚀刻、化镍金等制程中药水的攻击。

通孔盲孔分孔设计如图 6.48 所示。

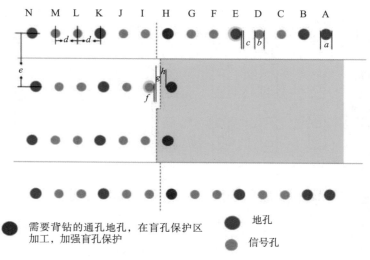

图 6.48　通孔盲孔分孔设计

在图 6.48 中，A—G 孔为盲孔，H—N 孔为通孔，盲孔保护铜箔直接覆盖至 H 孔，为避免在生产中撕保护铜箔步骤将 H 孔内孔铜背破坏，需要在撕保护铜箔前对 H 孔进行背钻。新双面盲孔 PCB 加工流程如图 6.49 所示，图 6.48 标注说明如表 6.12 所示。

表 6.12　图 6.48 标注说明

标注	项目	规格
a	盲孔接地孔钻孔孔径	0.6 mm，成品孔径为 0.5 mm
b	盲孔信号孔钻孔孔径	0.45 mm，成品孔径为 0.36 mm
c	盲孔环宽（A,B,C,D,E,F）	8 mil
d	孔中心距 1	1.2 mm
e	孔中心距 2	3.0 mm
f	外层靠盲孔保护区通孔环宽	6 mil
g	外层孔环到保护铜箔距离	8 mil
h	保护铜箔通孔到保护铜箔边沿距离	13 mil

注释：1 mil=0.0254 mm。

3. 新双面盲孔加工工艺流程

（1）子板制作

盲孔压合流程与 6.4.1 节相关流程相同。

（2）外层制作

1）加工流程

加工流程如下：

钻孔→沉铜→电镀→外层图形→图形电镀→背钻 1→外层碱蚀→外层检验→化镍金→外形→背钻 2→撕保护铜箔→字符→电测试→成品检验→包装入库。

2）流程说明

① 钻孔：钻通孔。

② 背钻 1：通孔背钻。

③ 背钻 2：对 H 孔（见图 6.48）进行控深钻孔，避免在撕盲孔保护铜箔时破坏 H 孔孔铜。

④ 撕保护铜箔：撕盲孔保护铜箔，与常规双面盲孔工艺相比，增加了一次背钻。新双面盲孔 PCB 加工流程如图 6.49 所示，从图 6.49 可以看出，在产品加工流程中，新双面盲孔在原基础上增加了一次背钻。

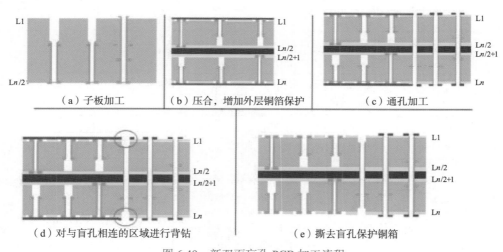

（a）子板加工　　　（b）压合，增加外层铜箔保护　　　（c）通孔加工

（d）对与盲孔相连的区域进行背钻　　　（e）撕去盲孔保护铜箔

图 6.49　新双面盲孔 PCB 加工流程

4. 新双面盲孔设计关键说明

盲孔保护设计细节如图 6.50 所示，图中，孔①（图 6.48 中的 G 孔）为盲孔；孔②（图 6.48 中 H 孔）为通孔，加工至成品后进行背钻；孔③（图 6.48 中 I 孔）为通孔。为避免在 PCB 制程中 PCB 烘烤工序造成盲孔保护铜箔与外层的黏结 PP 分离，导致化学药水（电镀液，蚀刻液，显影药水，化镍金药水等）灌入 PCB 盲孔，进而使盲孔失效，我们将孔②的背钻步骤设计在外形加工完成之后进行。图 6.50 相关标注如表 6.13 所示。

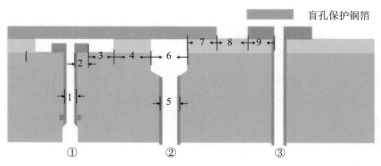

图 6.50　盲孔保护设计细节

表 6.13　图 6.50 标注说明

标注	项目	规格	
1	盲孔钻孔孔径	0.46 mm	18 mil
2	盲孔（①孔）孔盘	0.15 mm	6 mil
3	盲孔 PP 开窗到盲孔盘间距	0.25 mm	10 mil
4	背钻后有效黏结 PP 宽度	0.20 mm	8 mil
5	通孔地孔钻孔直径	0.61 mm	24 mil
6	通孔地背钻直径	0.76 mm	30 mil
7	背钻孔壁到保护铜箔边沿间距	0.19 mm	7.6 mil
8	通孔孔盘到保护铜箔间距	0.20 mm	8 mil
9	外层通孔孔盘	0.20 mm	8 mil

注释：1 mil=0.0254 mm。

考虑到厚径比，如果使用 0.625 mm 和 0.475 mm 的钻头，以 1.2 mm-0.475 mm/2-0.625 mm/2=0.65mm（25.59 mil），间距进一步降低，在背钻加工前，盲孔保护铜箔的实际宽度为 46 mil，考虑在孔②，保护铜皮的最小有效宽度为 8 mil+（30 mil-24 mil）/2=11 mil，能有效保护盲孔，在背钻加工后，直接撕铜箔，不再进行化学处理，即撕开保护铜箔后不会出现药水进盲孔的问题。

6.4.4　新双面盲孔压接存在的风险

1. PCB 同一连接器内高度差异

因通孔、盲孔加工流程不同步，同时需要对孔（如图 6.48 中的 H 孔）进行背钻，同一连接器内孔表面存在一定的高度差，新双面盲孔表面高度示意图如图 6.51 所示。

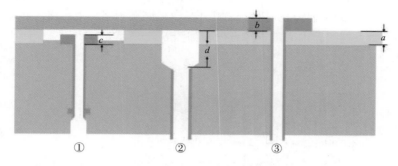

图 6.51　新双面盲孔表面高度示意图

在图 6.51 中孔①（图 6.48 中的 G 孔）为盲孔；孔②（图 6.48 中的 H 孔）为通孔，在加工至成品后进行背钻；孔③（图 6.48 中 I 孔）为通孔，相关标注如表 6.14 所示（以下均按 IPC2 级标准执行）。

表 6.14　图 6.51 标注说明

标注	项目	规格	板材铜厚
a	表层不流胶厚度	0.06 ~ 0.08 mm	—
b	通孔表面铜厚	0.07 ~ 0.09 mm	1 oz（0.035 mm）
c	盲孔表面铜厚	0.04 ~ 0.06 mm	HOZ（0.018 mm）
d	背钻孔深度	0.15 ~ 0.25 mm	—

从上述可知，同一连接器内最大高度差在孔②与孔③之间，理论最大高度差为 0.34 mm（$b+d$），可能的风险如下所述。

风险 1：孔②在压接时无法与压接针充分接触，可能导致压接不牢固，需要进行实验验证。

风险 2：孔②在压接时背钻底端孔铜被破坏，可能导致电性能不良，需要进行实验验证。

风险 3：新双面盲孔背板使用连接器内置的金属屏蔽垫片，该垫片可能与孔③外层盘接触，导致连接器短路，需要进一步优化 PCB 设计。

风险 4：孔位精度问题。目前同一连接器内新双面盲孔背板孔精度为 ±3.5 mil，可能会出现压接跑针情况，目前的解决思路是，外层钻孔采用 CCD 钻机，预计精度为 ±3 mil（1 mil=0.0254 mm）。

2. 解决思路

针对风险 3 的解决思路如下：

① 提高连接器壳体塑料区部分区域高度，避免金属垫片与 PCB 接触。

② 在提高高度的塑料壳体区，PCB 区域对应增加铜点（字符），进一步提高金属屏蔽片与 PCB 孔偏的间距。连接器内底部支撑点分布如图 6.52 所示。

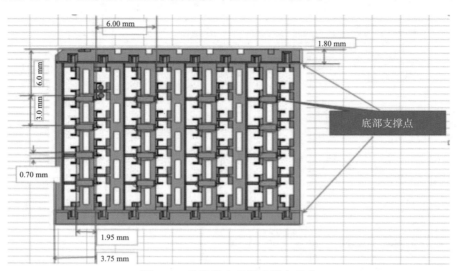

图 6.52　连接器内底部支撑点分布

根据相关应对风险的解决思路，对 PCB 设计进行了优化，PCB 对应区域增加铜点及字符油墨示意图如图 6.53 所示，图中棕色区域对应增加铜点及字符处。

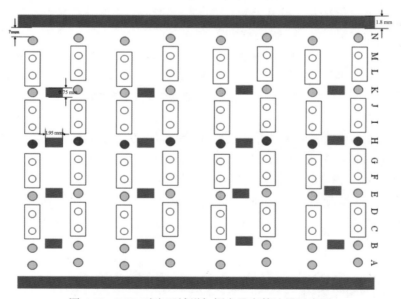

图 6.53　PCB 对应区域增加铜点及字符油墨示意图

在图 6.53 中，A—G 孔为盲孔，H—N 孔为通孔，需要注意的几个问题如下：

① 在盲孔 A 孔中，如果孔壁到连接器变压铜皮的间距太小，则无法进行盲孔保护。建议间距大于 1.0 mm，可以通过减小垫高铜条宽度（设计值为 1.8 mm）来实现。

② 连接器内增加的铜点不能分布在 G 孔区（通孔盲孔分界区）。

③ 对 PCB 中增加的铜点、铜条，其尺寸可适当减小，起到支撑作用即可。

6.4.5　双面盲孔 PCB 背板情况及新方案总结

① 新的双面盲孔背板具备可加工性。

② 双面盲孔背板由于层数多、需要两次压合、钻孔孔数多以及存在背钻问题，因此，制作及现场加工周期较长，通常一款新的双面盲孔背板制作周期为 10 天，样品加工周期为 50 天。在产品进入稳定生产周期后，批量加工周期为 35 个自然日。

第 7 章 PCB 先进过程管控方法介绍

7.1 新型影像式三次元测量仪

7.1.1 应用背景

PCB 尺寸的监控是 PCB 厂家一项重要的工作，传统的自动尺寸测量基本都选用三次元测量仪完成，该仪器是一种通过三维取点来进行测量的仪器，在市场上也被称为三坐标测量机、三维坐标测量仪。

三次元测量的主要原理是：将被测物体置于三次元测量空间，便可获得被测物体上各测点的坐标位置，根据这些点的空间坐标值，经计算可得出被测物体的几何尺寸、形状和位置。其基本原理就是通过探测传感器（探头）与测量空间轴线运动的配合，对被测几何元素进行离散的空间点位置获取，然后通过一定的数学计算，完成对所测点（点群）的分析拟合，最终还原出被测的几何元素，然后在此基础上计算其与理论值（名义值）之间的偏差，从而完成对被测零件的检验工作。

随着 PCB 尺寸越来越大、品质要求越来越高，需要测量的尺寸数量也急剧增加，传统的三次元测量仪的效率已经不能满足 PCB 行业的发展要求，在测量时面临诸多问题，例如，在进行测量对象定位和原点定位时费时，批量测量操作时间长；不同测量人员测量结果差异大；数据统计管理繁杂等问题，所以急需一种高效、快捷、准确的测量方式。目前，行业内已出现一种新型快速测量设备，采用影像扫描方式进行测量，既可以测量外形尺寸，又可以测量 PCB 平整度，精度可达到 ±35 μm，并且可有效提升 PCB 尺寸测量效率，该设备就是影像式三次元测量仪，如图 7.1 所示。

图 7.1　影像式三次元测量仪

7.1.2　影像式三次元测量仪的工作原理、功能、特点及成本优势

1. 影像式三次元测量仪的工作原理

影像式三次元测量仪的工作原理如下：运用高分辨率线阵扫描相机，以光学影像测量系统为基础，配合高精度运动机构和花岗岩龙门式底座，在保证高精度的同时，快速、稳定地实现检测平台的全范围影像扫描，同时结合高精度图像拼接分析算法与闪测原理，对在测量范围内不同位置、任意姿态摆放的工件，影像式三次元测量仪都可自动定位测量对象、匹配模板，完成测量评估并生成相关报表，真正实现快速精准测量。

2. 影像式三次元测量仪的功能

（1）PCB 平面尺寸测量

PCB 平面尺寸测量包括：PCB 的外形长、宽，孔径（圆孔、方孔、异形孔），孔到孔的距离，孔到边（线）的距离，槽宽、槽长，圆弧，角度等；焊盘的长、宽，焊盘到焊盘的距离，焊盘到边（线）的距离，焊盘到孔的距离，焊环大小，焊盘中心线位置等；PCB 上线宽、线长、线距等；金手指的长、宽，金手指的间距，金手指到边的距离，金手指到孔的距离，金手指中心线位置等。

（2）3D 测量

加装激光传感器后，影像式三次元测量仪可实现 3D 测量。3D 测量包括：PCB 厚度、平面度、翘曲等；焊盘在 PCB 上的高度、焊盘与焊盘之间的高度差、埋铜高度等；孔的深度等。

3. 影像式三次元测量仪的特点

影像式三次元测量仪具有"大、快、准、简、省、变、多"7个特点，具体如下所述。

（1）大

影像式三次元测量仪具有超大测量行程（620 mm × 540 mm ～ 920 mm × 840 mm）。大尺寸 PCB 测量如图 7.2 所示。

图 7.2　大尺寸 PCB 测量

（2）快

影像式三次元测量仪的测量速度为 200 mm/s，可实现一键闪测，支持批量测量。

（3）准

影像式三次元测量仪的高分辨率线阵扫描相机检测精度可达 ±(3.0+L/200) μm。其中，L 为机台在测量时的位移量；针对有翘曲的产品，在测量时自动式玻璃盖板可自动压住产品（把产品压平），保证测量的准确性。

（4）简

影像式三次元测量仪操作简单，产品可任意放置，无须治具或夹具即可完成测量；可任意放置同规格多个产品，可同时对各产品进行测量，如图 7.3 所示，可实现多个同规格板，一次性测量；支持 CAD 图纸导入，可离线编辑模板，一键自动匹配测量；具有测量与数据统计分析功能，可帮助人们分析、改善制程。

（5）省

较二次元测量仪，影像式三次元测量仪节省首件测试或者抽检测试的检测时间，大大减少了锣机等待首件检测确认时间，提高了机台稼动率，省锣机、省人力成本，为厂家实现精益化管理提供有力支持。（按照 70 台锣机测算，厂家每月检测或者抽检 6000 次，平均一天 200 次，二次元测量仪的单次平均检测时间为 24 min，VXS 系列的影像式三次元测量仪的单次平均检测时间为 4 min，单次平均节省 20 min，每月可为客户锣机节省 120000 min，节省的时间可用于生产其他产品，或者减少锣机数量。）

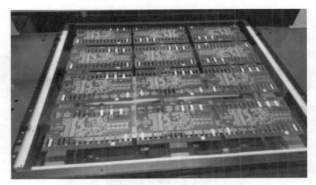

图 7.3　多个同规格板，一次性测量

（6）变

影像式三次元测量仪可定制功能，配置丰富，可实现一机多用，具体如下：

① 可选配 CCD 面阵相机＋可变倍率镜头，以提高对局部或微小物体的测量精度和速度。

② 可选配激光位移传感器，以实现工件在 Z 方向高度、高度差、平面度的测量。

（7）多

影像式三次元测量仪能提供多达 80 种提取分析工具，用于基本几何测量和形位公差测量，例如，点、线、圆弧、圆（圆心坐标、半径、直径）、交点、直线度、平行度、角度、位置度、线距、线宽、孔位、孔径、孔数、孔到孔的距离、孔到边的距离、弧线中心到孔的距离、弧线中心到边的距离、交点到交点的距离等。图 7.4 展示了多种测量场景。

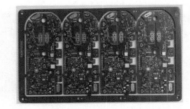

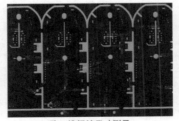

金手指宽度测量　　　　　　　　　孔、槽相关尺寸测量　　　　　　焊盘长宽、焊盘距离、线宽测量

图 7.4　多种测量场景

影像式三次元测量仪可自动输出 SPC（统计过程控制）分析报告，可输出统计值（如 C_a、P_{pk}、C_{pk}、P_p 等）和控制图（如均值与极差图、均值与标准差图、中位数与极差图、单值与移动极差图），SPC 分析报告如图 7.5 所示。

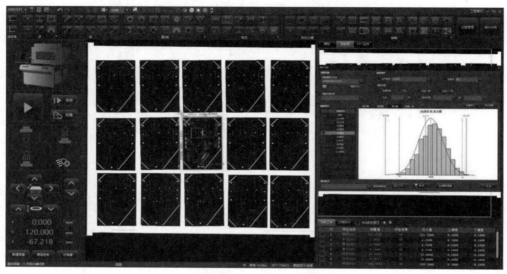

图 7.5   SPC 分析报告

3. 影像式三次元测量仪效率和成本优势

影像式三次元测量仪从效率到成本都比传统的三次元测量仪有明显的优势，传统三次元测量仪与影像式三次元测量仪效率和成本对比如表 7.1 所示。

表 7.1   传统三次元测量仪与影像式三次元测量仪效率和成本对比

设备	三次元 CCD 单点测量仪	影像式三次元测量仪
测量效率对比	① 每次只能测量一块板（需要辅助定位夹具进行多块板测量）。 ② 放板后需要在板上建立坐标点后才能进行程序测量，耗时约 3 s。 ③ 单点抓点时间约为 1 s，构建直线需要 2 点构成，一般抓点数目为测量项目的 2 倍。 ④ 举例：板内有 150 个尺寸项目，基本抓点数量为 150×2=300 点，单块抓点时间为 300×1 s +3 s =303 s，相机移动为时间 300×0.5 s =150 s，完成 6 块板测量时间约为（303+150）s×6=2718 s（约 45 min）	① 每次可依据台面大小范围，同时摆放同规格多块板进行测量，还可以实现自动化测量。 ② 可自由摆放同规格多块板，无须建立坐标点便可进入程序自动测量。 ③ 线扫描测量时间不因测量项目数量而改变，根据程序建立项目进行全检，时间长短不受测量项目数量限制，只取决于扫描区域大小。 ④ 扫描与三次元 CCD 单点测量仪测量的相同的 6 块板：分别进行底光扫描（测量通孔及外轮廓尺寸）及上表光扫描（测量板上非通孔结构尺寸，如 PAD 到 PAD 距离、线到边距离、PAD 位置度等），扫描速度为 200 mm／秒，X 方向扫描数量为 700/89=8 排。摆放 6 块板区域面积为 640 mm×700 mm，单板扫描时间约为 73 s，表面光＋底光扫描时间＋数据运算时间为 73 s×2+10 s =156 s（2 分36 秒）

续表

设备	三次元 CCD 单点测量仪	影像式三次元测量仪
成本对比（人民币）	① 设备 24 h 运行，每班作业人员 1 名，加替补 / 调休人员，每 2 台设备实际需要配备 2.5 名作业员（按普遍 10 台配置计算）。 ② 人力成本：4000×2.5×10/2=5 万元 / 月（按人均工资 4000 元 / 月计算）。 ③ 人工成本：5 万元 ×13=65 万元 / 年（按年度 13 薪计算）。 ④ 资产折旧费：以每台价值 65 万元 10 年折旧，每台每年折旧费为 6.5 万元，10 台每年折旧费为 6.5 万元 ×10=65 万元。 ⑤ 每年维护及校验费用：每台约 2 万元，10 台每年的总费用为 2 万元 ×10=20 万元。 ⑥ 合计：10 台机器每年总费用为 150 万；设备投入为 650 万元	① 设备 24 h 运行，每班作业人员 1 名，加替补 / 调休人员，每台设备实际需要配备 2.5 名作业员。 ② 人力成本：4000×2.5=1 万元 / 月（按人均工资 4000 元 / 月计算）。 ③ 人工成本：1 万元 ×13=13 万元 / 年（按年度 13 薪计算）。 ④ 资产折旧费：以每台 130 万元 10 年折旧，每台每年折旧费为 13 万元，总数 1 台，折旧费为 13 万元。 ⑤ 每年维护及校验费用：每台约 3.5 万元，1 台每年总费用为 3.5 万元。 ⑥ 合计：1 台机器每年总费用为 29.5 万元；设备投入为 130 万元

7.1.3　影像式三次元测量仪应用实例

1. 现状分析

（1）设备现状

某厂家仅有 1 台普通二次元测量仪，已使用 6 年，该设备残值为 21.4 万元，设备现状如表 7.2 所示。

表 7.2　设备现状

设备类别	数量 / 台	已使用年限 / 年	设备残值 / 万元
普通二次元测量仪	1	6	21.4

（2）A 客户产品尺寸测量效率分析

A 客户要求提供 PCB 产品每个加工批次的首件全尺寸测量数据。测量抽样数量为 5 PNL / 批次（PNL 为拼版单元，指成型工序前的大拼版单元），新单耗时为 280 min / 批（含程序设置时间及数据录入时间），返单耗时为 145 min / 批，按此核算。目前，1 台传统式二次元尺寸测量仪仅能满足 5 批 / 班 A 客户产品尺寸测量需求，无法满足普通板首件测量需求。A 客户新单和返工单测量效率如表 7.3 所示。

表 7.3　A 客户新单和返工单测量效率

项目	外形测试用时 / min	孔径测试用时 / min	BGA、IC 测试用时 / min	涨缩测试用时 / min	程序设置用时 / min	数据录入用时 / min	合计用时 / min
新单	5	90	20	30	120	15	280
返单	5	80	20	25	0	15	145

（3）普通板尺寸测量效率分析

普通板无须测量 BGA 及 IC，不测量涨缩，不做程序，尺寸测量平均效率为 30 min/ 款。按普通板核算，一台二次元测量仪每班测量数量为 24 款 / 班，小于实际产出 80 款 / 班的数量。因此，为保证首件测量效率，外形及槽宽采用卡尺和针规测量，不上机测量，普通板新单和返工单测量效率如表 7.4 所示。

表 7.4　普通板新单和返工单测量效率

项目	外形测试 用时 / min	孔径测试 用时 / min	BGA、IC 测试 用时 / min	涨缩测试 用时 / min	程序设置 用时 / min	数据录入 用时 / min	合计用时 / min
新单	5	15	0	0	0	10	30
返单	5	15	0	0	0	10	30

（4）成型尺寸测量现状

受二次元测量仪测量效率的影响，8 — 11 月厂家尺寸测量数量平均为 3195 款 / 月，实际纯二次元测量仪测量平均数量为 689 款 / 月，机检首件平均占比 22%，另有 78% 的返单，使用卡尺进行测量，产品存在品质风险。因此需要对新型影像式三次元测量仪的测量效率进行评估，以提升测量效率，保证品质。测量需求现状如表 7.5 所示。

表 7.5　测量需求现状

月份	8 月	9 月	10 月	11 月	平均数量 / 款
机检新单数量 / 款	608	711	767	668	689
返单测量数量 / 款	3070	2312	2637	2005	2506
测量总数量 / 款	3678	3023	3404	2673	3195
纯机检数量 / 款	608	711	767	668	689
纯机检首件占比 / %	17	24	23	25	22

2. 传统二次元测量仪与新型影像式三次元测量仪对比分析

（1）尺寸测量流程对比

影像式三次元测量仪可完成自动影像式扫描构造图形，提升测量效率，并且可命名测量项目，在后继板测量中无须进行对位及抓点构造，扫描后自动输出结果。尺寸测量流程对比如表 7.6 所示。

表 7.6　尺寸测量流程对比

流程	传统二次元测量仪	影像式三次元测量仪	对比结果
放板	手动放板	手动放板	等同
图形构造	手动抓点构造尺寸图形	影像式扫描构造尺寸图形	影像式三次元测量仪优
尺寸测量	使用软件工具测量	使用软件工具测量	等同
标准编辑	只能设定标准值及公差	在设定标准值及公差的同时，可命名测量项目	影像式三次元测量仪优
首件编程	手动抓点编程，手动输入标准，耗时 20 min／款	自动影像式扫描构造图形，手动输入标准，耗时 5 min／款	影像式三次元测量仪优
后继板测量	手动对位后，自动抓点构造图形，手动测量尺寸	无须对位，自动扫描构造图形，瞬间自动完成测量	影像式三次元测量仪优
结果输出	根据尺寸标准，自动输出结果并保存	根据尺寸标准，自动输出结果并保存	等同
下板	手动下板	手动下板	等同

（2）测量功能对比

影像式三次元测量仪加装高度激光测头后，既可满足 A 客户要求的 BAG 和 IC 平整度测量，也可以测量孔直径；而现有传统二次元测量仪不具备以上功能。测量功能对比如表 7.7 所示。

表 7.7　测量功能对比

类别	图形到边距离	图形到孔距离	孔直径	BAG 和 IC 平整度	涨缩	外形尺寸
传统二次元测量仪	√	√	×	×	√	√
影像式三次元测量仪	√	√	√	√	√	√

（3）测量效率对比

① 新单测量效率对比：根据新单尺寸测量情况进行初步对比测试，影像式三次元测量仪的测量效率比传统二次测量仪元的测量效率每款提升68%。新单测量效率对比如表 7.8 所示。

表 7.8　新单测量效率对比

项目	效率		差异
	传统二次元测量仪	影像式三次元测量仪	
尺寸图形构造（min／款）	20	1	19
尺寸测量（min／款）	5	5	0

续表

项目	效率		差异
	传统二次元测量仪	影像式三次元测量仪	
标准编辑（min／款）	5	3	2
结果输出（min／款）	1	1	0
合计（min／款）	31	10	21
有效工作时间（h／天）	22	22	0
产能（款／月）	1277	3960	2683

② 返单测量效率对比：根据返单尺寸测量情况进行初步对比测试，影像式三次元测量仪的测量效率比传统二次元测量仪的测量时间提升 15 min／款，效率提升了 94%。另外，针对返单，影像式三次元测量仪可实现多 set 同时检查，对于类似 A 客户的要求，每批次抽测 5 set 的板子，可进一步提升尺寸测量效率。返工单测量效率对比如表 7.9 所示。

表 7.9　返工单测量效率对比

项目	效率		差异
	传统二次元测量仪	影像式三次元测量仪	
尺寸图形构造（min／款）	10	0.5	9.5
尺寸测量 (min／款)	5	0.3	4.7
标准编辑（min／款）	0	0	0
结果输出（min／款）	1	0.2	0.8
合计（min／款）	16	1	15
产能（款／月）	2475	39600	37125

（4）测量精度对比

测量长度为 L，影像式三次元测量仪的测量精度为 $\pm(3+L/200)$ μm，优于传统二次元测量仪的测量精度 $\pm(3.5+L/150)$ μm，在效率及精度方面均具备优势。测量精度对比如表 7.10 所示。

表 7.10　测量精度对比

项目	圆直径精度／μm	孔到边精度／μm	边到边精度／μm	图形到边精度／μm	平整度精度／μm
传统二次元	$\pm(3.5+L/150)$	$\pm(3.5+L/150)$	$\pm(3.5+L/150)$	$\pm(3.5+L/150)$	$\pm(3.5+L/150)$
影像式瞬间测量三次元	$\pm(3+L/200)$	$\pm(3+L/200)$	$\pm(3+L/200)$	$\pm(3+L/200)$	$\pm(3+L/200)$

（5）投资回收周期核算

① 新单尺寸测量单位成本对比分析。

新单尺寸测量单位成本：影像式三次元测量仪的测量单位成本为 10.3 元 / 款，低于传统二次元测量仪的测量单位成本 34.9 元 / 款。从单位成本核算分析方面来看，影像式三次元测量仪具有成本优势。新单尺寸测量单位成本对比分析如表 7.11 所示。

表 7.11　新单尺寸测量单位成本对比分析

类别	传统二次元测量仪	影像式三次元测量仪	说明
设备报价（万元 / 台）	45.7	85	含平整度测量功能的影像式三次元测量仪未税报价为 85 万元
设备折旧（万元 / 月）	0.38	0.71	按 10 年折旧
人工成本（万元 / 月）	4	3.2	① 现状：5 人 / 月，采用影像式三次元测量仪后，预计 4 人 / 月。② 人工成本：8000 元 / 月
电费（万元 / 月）	0.08	0.15	① 传统二次元测量仪功率为 1.5 kW。② 影像式三次元测量仪功率约为 3 kW
总成本（万元 / 月）	4.46	4.06	—
设备产能（款 / 月）	1277	3960	新单：影像式三次元测量仪的测量速度为 10 min / 款
单位成本（元 / 款）	34.9	10.3	—

② 返单尺寸测量单位成本对比分析。

返单尺寸测量单位成本：影像式三次元测量仪的单位成本为 1.03 元 / 款，低于传统二次元测量仪的测量单位成本 18 元 / 款，从返单尺寸测量成本核算分析方面来看，影像式三次元测量仪具有成本优势。返单尺寸测量单位成本对比分析如表 7.12 所示。

表 7.12　返单尺寸测量单位成本对比分析

类别	传统二次元测量仪	影像式三次元测量仪	说明
设备报价（万元 / 台）	45.7	85	—
设备折旧（万元 / 月）	0.38	0.71	按 10 年折旧
人工成本（万元 / 月）	4	3.2	① 现状 5 人 / 月，采用影像式三次元测量仪后，预计 4 人 / 月。② 人工成本：8000 元 / 月
电费（万元 / 月）	0.08	0.15	① 传统二次元测量仪功率为 1.5 kW。② 影像式三次元测量仪功率为 3 kW
总成本（万元 / 月）	4.46	4.06	

类别	传统二次元测量仪	影像式三次元测量仪	说明
设备产能（款／月）	2475	39600	返单：影像式三次元测量仪的测量速度为 1 min／款
单位成本（元／款）	18	1.03	

③ 投资回收周期核算：购买影像式三次元测量仪，新设备未税投入为 85 万元，原二次元测量仪残值为 21.4 万元，合计投入为 106.4 万元，月收益为 5.95 万元，投资回收周期为 1.49 年。影像式三次元测量仪可通过扫描构造尺寸图形，更具效率优势，同时新单更具成本优势，投资收回周期对比如表 7.13 所示。

表 7.13　投资收回周期对比

类别	影像式三次元测量仪	说明
需求数量／台	1	—
设备投入（万元／台）	85	具有平整度测量功能的影像式三次元测量仪未税报价为 85 万元
原二次元测量仪残值／万元	21.4	① 经财务核算，原成型工序二次元测量仪残值为 21.4 万元。 ② 采用影像式三次元测量仪后，原二次元测量仪仅用于移植板尺寸测量
设备总投入／万元	106.4	新设备投入＋原二次元测量仪残值
投资回收周期／年	1.49	设备总投入／（月收益 ×12 月）
月收益（万元／月）	5.95	① 8—11 月平均每月新单测数量为 689 款／月，返单测数量为 2506 款／月。 ② 传统二次元新单测量单位成本为 34.9 元／款，返单测量单位成本为 18 元／款；影像式三次元测量仪新单测量单位成本为 10.3 元／款，返单测量单位成本为 1.03 元／款。 ③ 单位成本节约＝（影像式三次元测量仪单位成本 − 传统二次元测量仪单位成本）× 月测量款数。 ④ 影像式三次元测量仪节约的成本 =（34.9-10.3）× 689 +（18-1.03）× 2506=5.95 万元／月

3. 小结

影像式三次元测量仪相对传统二次元测量仪首件效率及成本均有优势，且测量精度为 $\pm(3.0+L/200)$，优于传统二次元测量仪的测量精度 $\pm(3.5+L/150)$。

（1）效率提升

① 根据新单尺寸测量初步对比测试，影像式三次元测量仪的测量速度比传统二次元测量仪的测量速度提升了，每款测量用时减少了 21 min，测量效率提升了 68%。影像式三次元测量仪

的测量速度为 10 min／款，传统二次元的测量速度为 31 min／款，前者效率是后者的 3 倍多。

② 根据返单尺寸测量初步对比测试，影像式三次元测量仪的测量速度比传统二次元测量仪的测量速度提升了，每款测量用时减少了 15 min，测量效率提升了 94%。影像式三次元测量仪的测量速度为 1 min／款，传统二次元测量仪的测量速度为 16 min／款，前者效率是后者的 16 倍多。另外，针对返单，影像式三次元测量仪可实现多 set 同时检查，对于类似 A 客户的要求，每批次抽测 5 set 的板子，可进一步提升尺寸测量效率。

（2）单位成本降低

① 新单尺寸测量单位成本：影像式三次元测量仪的单位成本为 10.3 元／款，低于传统二次元测量仪的单位成本 34.9 元／款。

② 返单尺寸测量单位成本：影像式三次元测量仪的单位成本为 1.03 元／款，低于传统二次元测量仪的单位成本 18 元／款。

（3）投资回收周期核算

影像式三次元测量仪，新设备未税投入为 85 万元，原二次元测量仪的残值为 21.4 万元，合计投入为 106.4 万元，月收益为 5.95 万元，投资回收周期为 1.49 年。影像式三次元测量仪可通过扫描构造尺寸图形，更具效率优势，同时新单更具成本优势。

7.1.4 影像式三次元测量仪对质量管理的正向贡献

① 在单位时间内影像式三次元测量仪可以完成更多的尺寸参数检测，进而可监控生产参数是否最优，最大可能保证不产生不良品。

② 可以提升效率，在较少成本的情况下，增加尺寸抽检频次和抽样数量，最大可能保证不流出不良品。

③ 杜绝人工尺寸测量不标准导致的操作误差和记录误差造成的产品不良。

④ 测量数据电子化存档，易保存，易调用，易查阅，更环保。

7.1.5 结论

① 影像式三次元测量仪功能强，能满足现有产品对精度的要求，明显提升检测效率，可为企业节省硬件投入、减少人工成本。

② 影像式三次元测量仪可实现快速检测，在锣机首件检测环节大大减少了锣机等待时间，提升了效率；出货前使用影像式三次元测量仪进行检测，可为产品出货尺寸合格率做出正向贡献。

③ 在单位时间内，影像式三次元测量仪可以完成更多的尺寸参数检测，进而可监控生产参数是否最优，最大可能保证不产生不良品。

④ 影像式三次元测量仪操作简单：可进行 CAD 图纸导入，模板制作简单，减少员工劳作强度。

⑤ 影像式三次元测量仪投资回报快，其生产效率相当于 5 台以上二次元测量仪的生产效率，能在短时间内为企业收回投入成本。

7.2 背钻孔加工工艺及品质保证

7.2.1 背钻孔的作用

PCB 金属化孔是使 PCB 绝缘板材孔内金属化，实现 PCB 层间电气互连的基础，对产品的可靠性和使用寿命有至关重要的影响，PCB 金属化孔如图 7.6 所示。

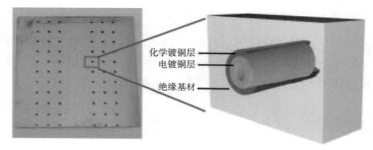

化学镀铜层
电镀铜层
绝缘基材

图 7.6　PCB 金属化孔

多层 PCB 上很多孔只需要导通某几层线路，而镀通孔产生的孔铜就会有大量多余的孔段，业内称为 Stub，例如，在图 7.7 中，该孔实际只需连接 L1 ～ L5 层间线路，L5 ～ L8 层间为无效孔段（Stub）。Stub 在常规 PCB 中没有明显不良影响，但在高速传输路径上则表现为阻抗不连续的断点，会使信号出现反射、延时、衰减等问题，并且会对附近线路产生干扰。信号传输示意图如图 7.7 所示。

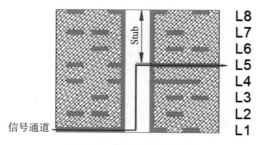

信号通道

L8
L7
L6
L5
L4
L3
L2
L1

Stub

图 7.7　信号传输示意图

在业内，将利用机械钻孔机的控深钻功能，使用稍大直径钻头钻除大部分无用 Stub 孔铜的工艺称为背钻（Backdrill）。在实际应用中，可以单面背钻，也可以双面背钻，如图 7.8 所示。

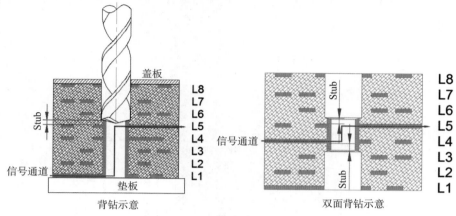

图 7.8　背钻

7.2.2　背钻孔加工控制点

1. 背钻加工的基本原理

在使用机械钻机主轴及钻针下钻时，当钻尖接触到被加工 PCB 板组表面导体的瞬间接通触发回路时，由检测处理器输出信号给 CNC 系统记录板面高度位置（Z 轴光栅坐标值），这一功能常用于背钻检测、接触式快钻、控深触发等。在用于控深钻时，CNC 系统根据钻针与铝片导通时的高度值来设定控深钻的下钻深度，通过系统控制实现控制钻孔深度的要求。背钻加工示意图如图 7.9 所示。

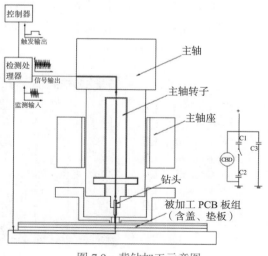

图 7.9　背钻加工示意图

背钻 Stub=$B+C+D+E-A$，其中，A 为钻机钻深行程（钻机控深）；B 为板面到通道层总厚度（压合）；C 为导体盖板厚度（辅料）；D 为钻尖高度差（钻头）；E 为接触钻触发偏差（触发回路），背钻 Stub 示意图如图 7.10 所示。

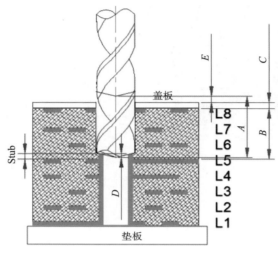

图 7.10　背钻 Stub 示意图

2. 背钻偏位异常分析

实际 Stub 因受到背钻孔偏位影响（钻孔偏位及涨缩）导致圆周方向 Stub 不一样高，严重偏位且钻头直径偏小会出现只钻掉部分孔壁的情况，如图 7.11 所示。背钻偏位实际是指在二次背钻时，相对一次钻通孔的孔位中心出现了偏差。一次通孔偏位一般是由于厚径比大、板材不均匀、钻头刚性不足、背面偏位严重、不同钻机的不同主轴钻孔偏差不一致等因素造成的；二次背钻偏位一般是由基准孔二次定位出现系统性偏差，钻孔坐标与原始孔实际坐标偏位等因素造成的。

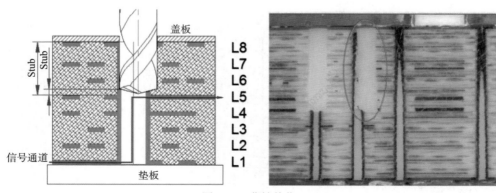

图 7.11　背钻偏位

背钻偏位异常主要包括压合厚度异常引起背钻要求深度偏差、背钻触发异常引起深浅异常、背钻孔位异常。影响背钻偏位的因素如表 7.14 所示。

表 7.14　影响背钻偏位的因素

工序		可能缺陷	影响背钻后果	备注
压合		• 层厚及总厚度偏差 • 层厚及总厚度不均 • 板翘变形	• 导通层实际离板面高度差与要求钻深不匹配，不同位置需要不同的钻孔深度，直接影响 Stub； • 板翘会引起板厚估算不准确	压合总厚及层厚不准和不均匀会直接影响 Stub，层数越多偏差越大
X-ray 钻靶		• 钻靶位置偏位 • 钻靶孔孔径偏差	• 造成整体坐标偏位，致使背钻孔偏位不同心	引起钻通孔和二次背钻定位不准
钻通孔		• 孔位偏孔 • 孔不垂直 • 孔形偏差	• 背钻孔位相对原始孔偏位	不同钻机的不同主轴每个孔的钻孔偏差是不一样的
镀孔		• 镀层厚度偏差	• 影响背钻断屑，触发异常	断屑不良钻头缠屑会引起背钻提前触发，最终造成钻浅和漏钻
外层线路及阻焊		• 外层线路及焊盘偏位 • 阻焊图形偏位 • 阻焊颜色差异	• 被钻板一般外层线路较少，焊盘偏位影响外层抓靶定位；如用 CCD 视觉校正，影响抓靶准确性	主要影响外层抓靶补偿
背钻		• 触发异常引起背钻深浅偏差 • 孔位异常	• 钻深则钻断线路，钻浅则去除 Stub 效果不佳； • 背钻孔位与原通孔不同心，孔侧壁铜去除不干净	背钻失效最终体现：深度异常和位置异常

在影响背钻偏位因素中，背钻钻机引起的背钻异常多有发生，主要是因为背钻钻机触发回路为多级电容串并联关系，接触回路与周围异常接触均会误触发。背钻钻机触发回路异常导致背钻异常如表 7.15 所示。

表 7.15　背钻钻机触发回路异常导致背钻异常

项目	后果	可能原因
主轴与周围绝缘失效	提前触发造成钻浅或漏钻	• 钻机清洁不良，积累的金属粉尘导致与背钻位置周围铜提前导通 • 冷却水导电离子波动导致与背钻位置周围铜面提前导通
主轴与转子异常导通	触发不良	• 主轴用气不干净致使气浮轴承间隙异常
钻头导通不良	滞后触发或不触发（钻穿）	• 钻头不导电； • 主轴夹头清洁不干净

项目	后果	可能原因
钻头及转子与周边异常导通	提前导通触发，钻浅或漏钻	• 深孔背钻钻孔过程中产生丝状铜屑，偶尔使转子及钻头与吸屑罩或主轴前端盖导通； • 断屑及吸尘不良使钻头缠丝，从而与背钻位置周围铜面导通
PCB 表面导通不良	滞后触发或不触发	• PCB 背钻板面需大面积导体面或覆盖导电盖板
PCB 与盖板间有异物	触发高度异常	• 钻孔参数不合适、吸尘不良造成板面夹尘
PCB 板面凹凸不平	触发高度异常	• 钻孔时要兼顾断刀检测，明显凹凸不平会影响实际触发高度
钻机工作台接地不良	滞后触发或不触发	• 钻机定期维护不力
吸尘系统异常干扰	偶发异常触发	• 吸尘管路静电释放不畅

3. 背钻品质改善建议

① 压合：建议采用高精度压机，提高层厚均匀性，使板面平整。

② X-ray 钻靶：建议采用可测涨缩值钻靶机，分组分类。

③ 钻通孔：建议选用各轴精度一致且稳定钻机，采用高刚性钻头、镀膜润滑盖板。

④ 背钻刀具：建议采用导电性能好、高刚性、断屑性能好、大钻尖角背钻专用刀具。

⑤ 背钻盖板：建议在背钻板面加薄铝盖板和酚醛树脂板，或者采用背钻专用涂层复合盖板。

⑥ 背钻参数及工艺：针对深孔背钻，建议采用易于断屑的参数及工艺，如采用分步钻等。

⑦ 钻房环境：温湿度稳定。

⑧ 钻机设备：定期规范维护调校。

7.2.3 背钻孔检测技术

1. 背钻树脂塞孔 AOI 检查

如上所述，背钻孔的品质对于信号传输的质量至关重要，如果出现背钻孔孔断问题，将会严重影响信号的传输，所以一般背钻孔都要进行树脂塞孔，以确保背钻孔不被 PCB 后工序药水腐蚀而断裂或者在使用过程中因受外界环境影响出现断裂的问题。背钻孔断裂如图 7.12 所示。

目前业界已经有了成熟检测背钻塞孔是否符合标准的设备，如图 7.13 所示。该设备在原有常规 AOI 检测的基础上加入了 3D 检测技术，识别树脂塞孔的深度和缺陷，减少树脂塞孔不良 PCB 的流出概率。

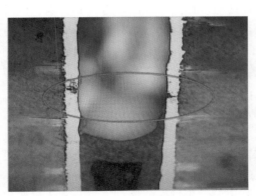

图 7.12　背钻孔断裂

图 7.13　树脂塞孔 AOI 检测设备

该设备利用树脂塞孔表面的形态差异，利用 3D 成像技术，可高效识别树脂塞孔常见缺陷。树脂塞孔缺陷 AOI 检测原理示意图如图 7.14 所示。

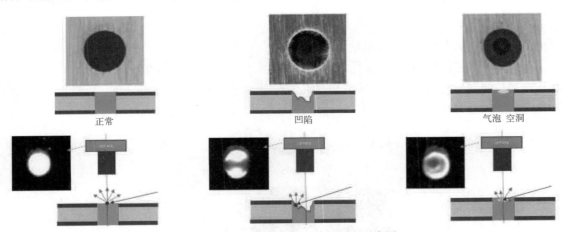

正常　　　　　　　　　　凹陷　　　　　　　　　　气泡 空洞

图 7.14　树脂塞孔缺陷 AOI 检测原理示意图

2. 背钻孔 AOI 检测

为减少孔铜对信号传输的影响，在 5G 背板设计过程中使用了大量的背钻工艺。由于背钻钻孔原理缺陷（钻嘴接触导体导电形成的短路触发信号可用于计算下钻深度，如中途有其他异常短路，则会导致背钻信号提前触发）导致背钻钻浅或浅层背钻漏钻，目前 PCB 厂家使用数孔机数铝片模式检测背钻漏钻缺陷。然而，在实际生产过程中，无法及时准确检测背钻偏孔及铝片钻穿但未钻到 PCB 的漏背钻板，为防止背钻漏钻及偏孔等不良 PCB 流失到客户端，需要专业的背钻漏钻检查设备。

（1）常规的背钻孔品质检查方法现状及其局限性

针对背钻后孔壁是否有残铜，是否有漏钻，背钻与一钻的对准度是否达到要求，以及背钻后是否有铜丝残留、堵孔等缺陷，目前采用的检验方法及其局限性如下。

① 采用人工检查方法检验孔偏。一般按照"四角＋中间"的抽样方法检查背钻孔偏问题，其局限性主要为无法确保对不同要求的背钻孔进行有效检验，对于类似单孔孔偏情况，容易漏失，往往只能监控到整体或者局部偏孔情况。

② 采用人工目视检验堵孔、残铜问题。一般采用全检方法，其主要局限性为人为因素较多，非常容易产生漏失。

③ 采用切片方式检验背钻品质。其主要局限性为切片采用零星抽样方法进行检测，对非批量问题探测度非常低，无法有效监控不良漏失。

④ 采用阻抗测试方法被动发现漏背钻情况。其主要局限性是，该种方法非常依赖客户对阻抗测试区域的标注，如果未覆盖背钻孔，则无法实现监控，零星漏背钻也非常容易被漏失；该方法仅仅是被动触发并发现问题，在实际中无法有效监控漏背钻情况。

总结：常规背钻品质检验方法局限性非常大，对背钻缺陷的发现多依赖人工，且无法有效全面覆盖，从而导致背钻不良 PCB 非常容易漏失到客户端，造成非常大的损失和影响。

（2）背钻孔 AOI 检测方法

① 背钻孔 AOI 检测设备及原理。

目前，业界已经有 AOI 设备可实现控深背钻孔偏位检查，可以检测出漏背钻、漏一钻，以及铜丝与背钻后堵孔等问题，实现整板全背钻孔快速高效检查，背钻孔 AOI 检测设备如图7.15 所示。

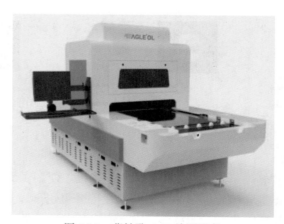

图 7.15　背钻孔 AOI 检测设备

该设备运用远心成像原理，辅以散射背光的各种光学照明组合，被广泛应用于板电、图电、阻焊工序后控深背钻的各种 PCB 表面检测，同时可获得高景深低畸变的 2D 彩色影像；

以 CAM 资料数据为参考依据，可有效快速地检测每一个背钻孔的孔口表面、上下孔位偏心、孔环等数据，为 PCB 厂提供一个检查背钻孔偏心、偏位的高效、快速的检测方法。背钻孔缺陷 AOI 检测原理示意图如图 7.16 所示。

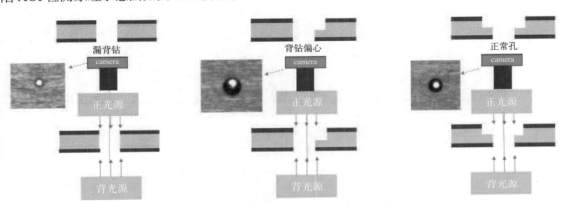

图 7.16　背钻孔缺陷 AOI 检测原理示意图

② 背钻孔 AOI 检测效率。

生产板表面的氧化程度决定背钻孔 AOI 检测的效率，根据 PCB 的实际生产情况，可以把生产板的氧化程度分成 4 级：轻微氧化、较轻氧化、中等氧化和严重氧化，如表 7.16 所示。

表 7.16　生产板氧化程度分类

氧化程度	等级 1：轻微氧化	等级 2：较轻氧化
典型照片		
氧化程度	等级 3：中等氧化	等级 4：严重氧化
典型照片		

通过汇总背钻 AOI 机生产效率可知，正常板生产效率为 2.7 min/PNL（2 面），氧化板生

产效率为 4.06 min/PNL（2 面），氧化板生产效率约为正常板生产效率 50%，正常板生产效率和氧化板效率分别如表 7.17 和表 7.18 所示。

　　在实际生产中，需要根据厂家实际情况制定氧化接受标准。通过测试，氧化严重板钻孔浅层背钻扫板存在大量假点，钻孔应该按照等级 2 进行收板；前工序来板如果超过等级 2，需要洗板并烘干，经钻孔检查合格后方可收板；钻孔如因存放时间长氧化严重（超过等级 2）问题，需要在背钻后洗板，然后再进行背钻 AOI 检测，以提升检测效率。

表 7.17　正常板生产效率

序号	生产数目 / PNL	背钻孔数目 / 孔	总用时 / min	检孔效率 / (min/PNL)	氧化等级
1	72	5109	210	2.92	较轻氧化
2	72	5109	190	2.64	较轻氧化
3	72	5109	180	2.5	较轻氧化
4	72	5109	150	2.08	较轻氧化
5	72	5109	210	2.92	较轻氧化
6	72	5109	180	2.5	较轻氧化
7	72	5109	240	3.33	较轻氧化
平均	72	5109	194.3	2.7	较轻氧化

表 7.18　氧化板生产效率

序号	生产数目 / PNL	背钻孔数目 / 孔	总用时 / min	检孔效率 / (min/PNL)	氧化等级
1	72	5109	300	4.17	严重氧化
2	72	5109	300	4.17	严重氧化
3	72	5109	270	3.75	严重氧化
4	72	5109	300	4.17	严重氧化
5	72	5109	293	4.07	严重氧化
平均	72	5109	292.6	4.06	严重氧化

　　③ 背钻孔 AOI 检测成本核算。

　　以某厂区为例，从漏背钻的客诉成本、人工成本、设备成本等方面进行成本核算，购买一台背钻 AOI 检测设备需要 3.05 年可以收回成本，同时可以减少在客户端因为质量问题造成的品牌损失，背钻孔 AOI 检测成本核算如表 7.19 所示。

表 7.19　背钻孔 AOI 检测成本核算

序号	项目	数量	备注
1	背钻 AOI 机每月产能 /（PNL /月 /台）	15960	① 生产效率：532 PNL/d。 ② 每月实际生产天数：30 d /月。 ③ 每月生产 PNL 数：532 PNL/d×30 d /月 =15960 PNL /月
2	背钻漏钻率 / %	0.03	—
3	背钻 AOI 检测平均每月可减少背钻漏钻工序 PNL 数 /（PNL /月）	4.78	15960 PNL /月 ×0.03%=4.788 PNL /月
4	背钻漏钻客诉成本 /（元 / PNL）	10000	按照一块单板 10000 元进行估算
5	平均每月背钻漏钻客诉风险成本 /（元 /月）	47880	漏钻客诉生产板数量 × 漏钻客诉成本
6	人工成本 /元	17000	① 增加背钻 AOI 检测，需每班增加 1 个人员编制，合计 2 人。 ② 人均工资：8500 元 /人 /月。 ③ 合计人工成本：8500 元 /人 /月 ×2 人 =17000 元 /月
7	电费成本 /（元 /月）	997	① 2.3 kW·h。 ② 每天工作时间：21 h/d。 ③ 平均电费成本：0.688 元 /（kW·h）。 ④ 平均每月工作天数：30 d /月。 ⑤ 电费成本（元 /月）：2.3 kW·h×21 h/d×0.688 元 / kW·h×30 d /月 =997 元 /月
8	设备安装费用 /元	2500	每台机安装费用：2500 元 /台
9	降低客诉节约成本 /（元 /月）	27383	平均每月背钻漏钻客诉风险成本（元 /月）- 人工成本（元）- 电费成本（元 /月）- 设备安装成本（元）
10	采购价格 /（万元 /台）	100	① 机台尺寸：650 mm×1100 mm。 ② 购买价格：100 万元 /台（已税）
11	回收年限 /年	3.04	采购成本 ÷ 降低客诉节约成本

7.2.4　结论

① 背钻孔的品质对于 PCB 信号传输至关重要。

② 背钻孔漏钻、孔偏位等缺陷要重点从设备、操作等方面预防。

目前，业界有成熟检测背钻孔品质的 AOI 设备，可以可靠地检测树脂塞孔异常和背钻孔异常问题。

7.3　全流程单块追溯解决方案

7.3.1　全流程单块追溯解决方案的作用

全流程单块追溯解决方案，强调每一个关键环节信息公开化、透明化，增加了生产过程的透明度。单块追溯系统主要从以下几方面实现对整个生产过程的管控。

1. 对 PNL 和 pcs 实现二维码身份管理

单块追溯管理是追溯系统建设中的重要一环，从原材料到生产的各个环节，为每个原材料、生产过程中的半成品（批次）、成品创建一个可以唯一识别身份的二维码，并将此二维码跟随物料流转。产品赋码管理是追溯系统管理的第一步，企业需要为自己的生产过程以及最终产品制定合适的赋码方案，以实现整体的单块追溯管理。

2. 生产管控

在生产过程中，从第一道工序的领料开始，需要扫码识别物料的生产过程，工人在开工时，需要扫原材料的条码，物料齐套后方可开工。在生产开料时立即通过激光打标机打二维码，并随着物料的流动进入下一道生产工序，实时监控每一站点的生产情况。

3. 追溯查询

可以通过成品上的条码，逆向查询出该成品的每一步生产信息，包括生产者、质检员的生产设备参数等，如果此成品有质量问题，通过分析问题产生的环节，依据此生产节点，查询出此节点影响的生产范围，最终生产了哪些成品，结合成品的出货记录则可以定位到问题产品的去向。实现异常成品快速反追溯，快速锁定异常原因，缩小影响范围，减少损失。

全流程单块追溯结构流程如图 7.17 所示，图中黄色部分为追溯系统。

7.3.2　内层激光打码追溯

1. 读码器架设方式

在有机器人多工位上下板机的站点，可将读码器（见图 7.18）架设到上下板机输送段上，集成到上下板机上，以实现单块信息化管理。例如，下发扫码比对后的产线生产配方，进行异常逻辑处理，借助上下板机上的智能上位机实现防呆防错，实现智能化应用。上下板机内架读码器如图 7.18（b）所示。

在没有机器人上下板机的站点，在线设备读码器可直接架设到线体上边；离线设备采用手持枪和 PDA 的读码绑定方案，上传信息到 MES 或追溯系统。手动机架读码器如图 7.18（c）所示。

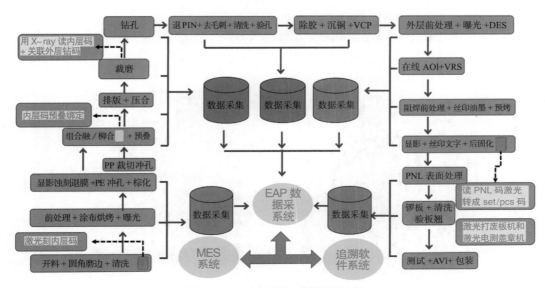

图 7.17　全流程单块追溯结构流程

（a）固定式读码器　　　　（b）上下板机内架读码器　　　　（c）手动机架读码器

图 7.18　读码器

2. 内层激光打码

通过采用内层激光打码方式，可实现从开料时批次和单块的管理，到整个内层工序的管理，使每一块板都有唯一的身份证（激光刻二维码）；可将开料工单 MES 下发至在线激光刻码机，在进行激光开料或前处理时，以 6 ～ 9 PNL/min 的速度完成激光刻二维码操作，二维码大小 5 mm × 5 mm、6 mm × 6 mm、4 mm × 9 mm 可选。内层激光打码流程如图 7.19 所示，激光刻码机如图 7.20 所示。

图 7.19　内层激光打码流程

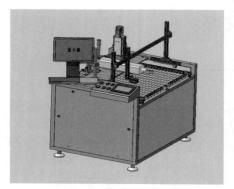

（a）激光打码机

（b）激光打码机实物图

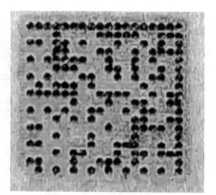

（c）6 mm×6 mm 二维码示例图

图 7.20　激光刻码机

7.3.3　外层激光打码追溯

1. 需要一套热熔预叠管理软件

① 自动热熔机：在线读码，绑定芯板码和次外层码，实现层别防呆管理，X-ray 机只需要读取次外层码并进行关联；结合 PP 管理自动化设备，可以实现层别、PP、内层码的整体管理。热熔预叠管理如图 7.21 所示。

② 手动预叠管理：在预叠时绑定内层码，可完成区分层别、余数比对操作。

图 7.21　热熔预叠管理

2. 读码相机架设方式

① 在有机器人多工位上下板机的站点，可将读码相机架设到上下板机输送段上，集成到上下板机上，实现单块管理信息化。例如，下发扫码比对后的产线生产配方，进行异常逻辑处理，借助上下板机的智能上位机实现防呆防错，实现智能化应用。读码器相机采用专业定制相机，可以读取二维码和孔码，在实际应用中可以自由选择。专业定制读码相机如图 7.22 所示。

② 在没有机器人上下板机的站点，可将在线读码相机直接架设到线体上；离线设备采用 PDA 读码绑定方案，将读取的信息上传到 MES 或追溯系统。

图 7.22　专业定制读码相机

3. 在线 X-ray+ 机械／激光钻码机

在线 X-ray+ 机械／激光钻码机可以在线或者离线使用，新厂建设多以裁磨线在线连线使用为主，在线 X-ray+ 机械／激光钻码机如图 7.23 所示。X-ray 用于读取内层追溯码，由机械／激光钻孔机完成机钻外层通孔码操作，从而使内外层追溯码建立关联绑定关系。对于此种外层通孔码，系统读码成功率在 99.9% 以上，根据不同的钻码类型，生产速度为 4 ～ 6.5 块／min。钻标准二维码，产速为 4 块／min；钻 L 边二维码，产速为 5 ～ 5.5 块／min；钻孔码，产速为 5.5 ～ 6.5 块／min。

图 7.23　在线 X-ray+ 机械／激光钻码机

4. 机械钻码机或激光钻码机追溯管理

方案一：反追溯，在待钻孔板上机时，扫描该板的工单，然后钻码机直接在待钻孔板上钻出钻孔机台号、轴号、加工日期，此操作钻出的码为钻机明码，由此和板边追溯码实现绑定，后续制程只要由扫描设备读取钻机明码＋板边追溯码进行关联绑定，即可实现反追溯关联。

方案二：正向追溯，每块板在加工时，由扫描设备（PDA）直接读取板边码＋机台号和轴号码进行绑定，即可追溯具体加工机台的每个轴。钻机明码＋轴号孔示例图片如图 7.24 所示。

5. 关联激光打标机

关联激光打标机如图 7.25 所示，可以实现板边码和 pcs 码的关联绑定。首先识别板边 PNL 码信息，关联 pcs 信息，然后再打 pcs/set 码并进行关联绑定，实现成品 pcs 码一码追溯全流程。此方法一般在完成阻焊绿油字符后采用激光刻二维码，使用绿光激光打标机进行二维码雕刻，同时配备自动读码功能进行追溯码读取，从而实现板边 PNL 码和 pcs 码的关联绑定。关联激光打标机采用 CCD 视觉定位，XYZ 自动移动，集成了涨缩计算功能，定位精度高，稳定性好。建议刻码尺寸为 2 mm × 2 mm ～ 6 mm × 6 mm。

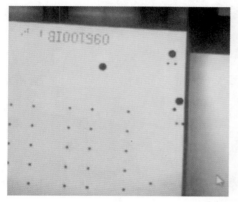 

图 7.24　钻机明码 + 轴号孔示例图片

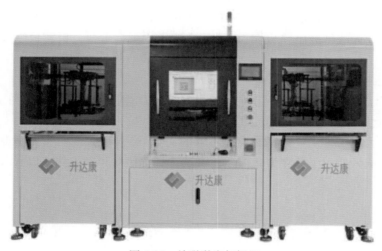

图 7.25　关联激光打标机

第8章 典型质量案例及评估

8.1 从 5G 天线射频插座焊点开裂问题看化镍金药水的选择

随着 5G 产品的规模使用，板到板的射频信号传输场景越来越多，对于射频插座的使用也越来越多，射频插座的焊点可靠性直接影响了信号传输的稳定性。天线将电路中的高频电流或传输线上的导行波有效地转换成某种极化的空间电磁波，向规定的方向发射出去；在接收时，天线则将来自空间特定方向的某种极化的电磁波有效地转换为电路中的高频电流或传输线上的导行波。天线印制电路板在 5G 通信中的作用极为重要，板对板连接的射频插座在天线印刷电路板中被普遍使用，其焊点的可靠性直接影响信号传输的稳定性。化镍金表面处理在天线印制电路板被普遍使用，化镍金表面处理对焊点的可靠性至关重要。

沉金 PCB 焊盘不润湿主要表现在以下 6 个方面：① 焊接热量不足；② 镍层磷含量异常；③ 镍腐蚀；④ 化镍金厚度异常；⑤ 焊盘表面被污染；⑥ 金层氧化。然而，对于射频插座焊点的可靠性分析，仅考虑上述 6 个方面是不够的，本节从 5G 天线射频插座焊点开裂问题的分析为切入点，从另外一个角度为化镍金药水的选择提供一种新思路，以寻求消除焊点开裂的可靠性风险。

8.1.1 背景

1. 焊接器件和 PCB 基本情况

射频插座的外形为喇叭形，中间有一个插针（信号脚），底部有 4 个插件脚和一个表贴焊点，如图 8.1 所示。

射频插座对应的 PCB 焊盘封装为 4 个插件孔焊接（采用表贴回流焊接）和一个表贴焊接，射频插座中间的插针被焊接在表贴焊盘上。射频插座对应的 PCB 焊盘封装如图 8.2 所示。

（a）射频插座正面

（b）射频插座背面

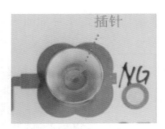
（c）贴片后的射频插座样貌

图 8.1　射频插座

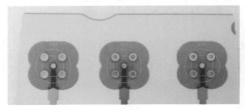
（a）焊点器件测

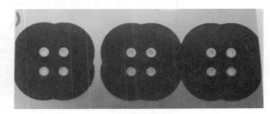
（b）焊点焊接测

图 8.2　射频插座对应的 PCB 焊盘封装

2. 焊接不良描述

射频插座结构如图 8.3 所示，绝缘介质通过冲压方式与金属外壳体、中芯针成型，通过金属外壳体与绝缘介质两者的配合实现对中芯针限位。绝缘介质为塑料材料，在回流焊接过程中会受热变形，在回流焊接后，射频插座金属壳体和绝缘介质出现间隙，当间隙较大时，中芯针受力有较大的活动空间，根据杠杆原理，当对中芯针焊点施加较大的力时，可能导致中芯针焊点断裂，这对焊点的强度提出了更高的要求。

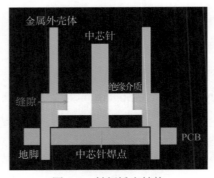

图 8.3　射频插座结构

对失效样品进行切片截面分析发现，中芯针焊点发生开裂，焊点开裂发生在 PCB 侧 IMC 层与镍层结合界面上，分离界面较平整；焊料内未见空洞现象，焊料向中芯针两边堆积。失效样品切片代表性图片如图 8.4 所示。

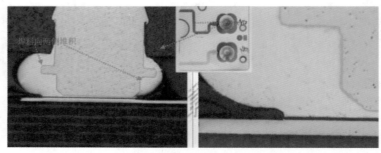

图 8.4 失效样品切片代表性图片

射频插座镀层为电镀镍金，PCB 表面进行了化镍金处理，当将两者进行焊接时，焊点中可能会含金。业界普遍认为，当焊点中的金含量超过 3% 时，可能会影响焊点强度，出现金脆失效问题。但对失效的断面成分进行分析，未发现金元素，故排除金脆的可能。

8.1.2 失效分析

1. 化镍金厚度

化镍金厚度无明显异常，满足标准要求，化镍金厚度如图 8.5 所示。

厚度	要求	实测位置 1	实测位置 2
镍厚 /μm	3 ～ 8	3.732	3.608
金厚 /μm	0.05 ～ 0.152	0.05	0.05

（a）测量位置　　　　　　　　　　（b）测量数据

图 8.5 化镍金厚度

2. 镍腐蚀与成分分析

对同批次 PCB 光板金面采用 SEM（Scanning Electron Microscope，扫描电子显微镜，简称扫描电镜）和 EDS（Energy Dispersive Spectrometer，能谱仪）进行分析，结果发现金面较致密，未见明显针孔、腐蚀现象，代表性图片详见图 8.6（a）。将该焊盘去金处理后，在 SEM 下观察镍层表面，在镍层表面发现密集的镍腐蚀现象，验证了镀层表面不良情况。镀层质量不良会对焊接过程中镍（Ni）扩散产生不良影响，从而形成了不良的 IMC 层形貌。但磷（P）含量为 7.09 wt%，满足磷（P）含量（7 ～ 12）wt% 的要求，代表性图片如图 8.6（b）所示。纵向切片扫描，镍腐蚀不明显，如图 8.6（c）所示。镍腐蚀情况如图 8.6 所示。

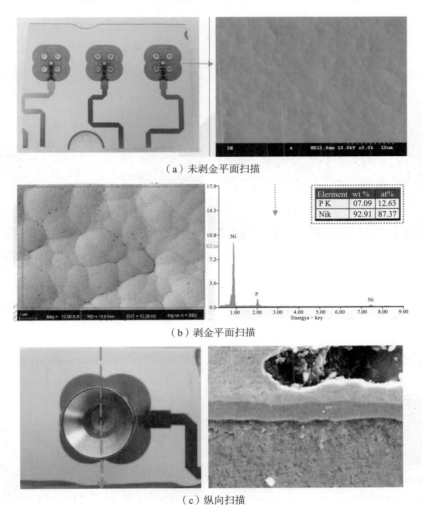

（a）未剥金平面扫描

（b）剥金平面扫描

（c）纵向扫描

图 8.6　镍腐蚀情况

3. 焊点分析

（1）失效品中芯针焊盘分析

将该失效样品采用 SEM 和 EDS 进行焊点形貌分析，发现分离界面在 IMC 层与镍层的结合界面，PCB 侧 IMC 层不均匀、不连续（主要为 Sn-Cu-Ni 合金，其中 Cu 含量为 23.06 wt%），并发现较多块状 IMC 层形貌；PCB 侧可见明显富磷层，失效焊点焊盘表面普遍存在较厚富磷层，厚度约为 580 nm。IMC 层与镍层表面结合疏松或不能形成连续均匀的金属间化合物层，导致焊点强度不够，使中芯针焊点容易开裂松动。同时，较厚的富磷层会增加焊点界面脆性，从而降低了该界面机械强度。失效中芯针位置 SEM 和 EDS 分析代表性照片如图 8.7 所示。

此外，对失效焊点中的块状 IMC 层进行 EDS 分析，发现其中含较多 Cu 元素，说明在焊接过程中，金属元素的扩散出现异常，这通常与焊盘表面镀层质量有较大关系。

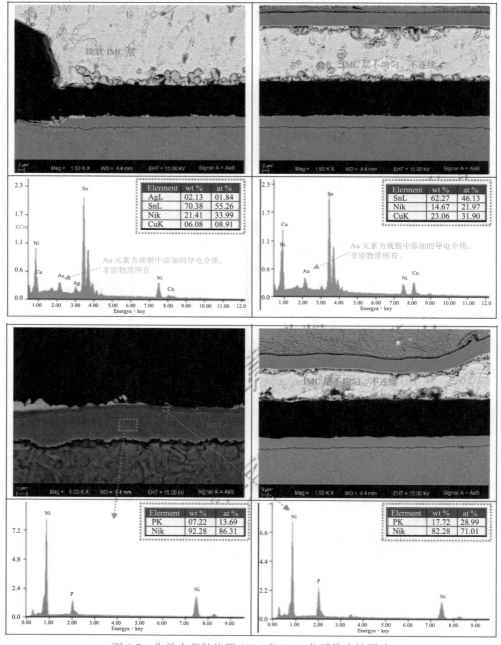

图 8.7　失效中芯针位置 SEM 和 EDS 分析代表性照片

（2）失效位置插件孔焊盘分析

对插件孔截面进行切片分析（该通孔也采用回流焊接方式），结果表明 PCB 孔焊盘上 IMC 层较连续，厚度适中（1.45 μm），IMC 层主要元素为 Sn、Ni、Cu，其中 Cu 含量为 11.72 wt%。失效位置插件孔 SEM 和 EDS 分析代表性照片如图 8.8 所示。

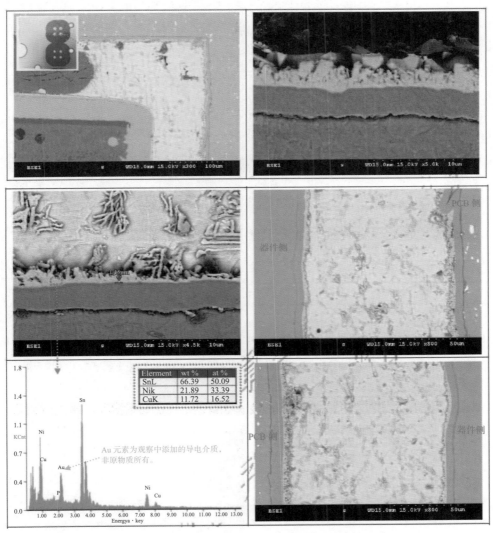

Element	wt %	at %
SnL	66.39	50.09
Nik	21.89	33.39
CuK	11.72	16.52

Au 元素为观察中添加的导电介质，非原物质所有。

图 8.8　失效位置插件孔 SEM 和 EDS 分析代表性照片

（3）不良单板上中芯针合格焊点分析

对不良单板上未失效中芯针焊点进行切片分析，发现其 PCB 侧 IMC 层相对失效样品较为连续，仅在边角处发现 IMC 层根部疏松的形貌，整个 PCB 侧 IMC 层未见如失效样品的块状 IMC 层形貌。IMC 层主要为 Sn-Ni 合金，未检出 Cu 元素，边角富磷层厚度约为 915 nm。不良单板上中芯针合格焊点 SEM 和 EDS 分析代表性照片如图 8.9 所示。

局部位置存在 IMC 层不连续、不均匀现象，IMC 层的根部与镍层结合界面疏松并有开裂迹象，开裂的界面及模式与失效样品吻合。同时，良品焊点焊盘镍层表面也可见明显的较厚富磷层。显然，IMC 层与镍层表面结合疏松或不能形成连续均匀的金属间化合物层会导致焊点强度不够，使插件焊点容易开裂松动；较厚的富磷层会增加焊点界面脆性，从而降低该界面机械强度。

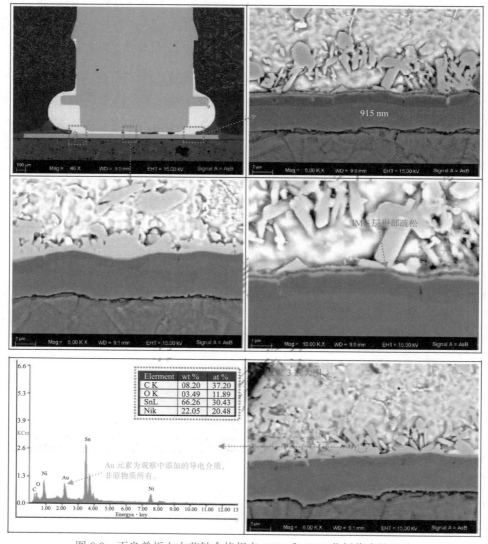

图 8.9　不良单板上中芯针合格焊点 SEM 和 EDS 分析代表性照片

4. 小结

经过初步分析可知，失效样品中芯针焊点开裂发生在焊料与 PCB 焊盘之间，该界面形成 IMC 层不良，且存在较厚富磷层，导致焊点强度不够。IMC 层形成不良与较厚富磷层的存在与 PCB 表面镀层不良有关，接下来，让我们一起验证该结论的可靠性。

8.1.3　实验验证分析

1. 实验验证方案

上述对失效进行了初步分析，为了进一步明确原因，我们制定了如表 8.1 所示的验证方案，该方案主要用于验证焊点开裂问题是否与特定的化镍金药水型号相关，主要从化镍金后是否进行回流焊接、化镍金药水品牌型号、化镍金之前工序三个方面进行交叉验证。

表 8.1　验证方案

序号	方案	板面处理	数量／块
方案 1	S 厂家全流程：A 化镍金药水 1 型号	未回流焊接	2
方案 2	S 厂家全流程：A 化镍金药水 1 型号	增加回流焊接	2
方案 3	N 厂家全流程：A 化镍金药水 1 型号	未回流焊接	2
方案 4	N 厂家全流程：A 化镍金药水 1 型号	增加回流焊接	2
方案 5	S 厂家全流程：沉锡	未回流焊接	2
方案 6	S 厂家全流程：沉锡	增加回流焊接	2
方案 7	N 厂家全流程：A 化镍金药水 1 型号	未回流焊接	2
方案 8	N 厂家全流程：A 化镍金药水 2 型号	未回流焊接	2
方案 9	N 厂家前工序 +S 厂家 A 化镍金药水 1 型号	未回流焊接	2
方案 10	S 厂家全流程 +N 厂家 B 化镍金药水	未加回流焊接	2
方案 11	S 厂家全流程 +N 厂家 A 化镍金药水 1 型号	未加回流焊接	2

2. 验证结果

采用表 8.1 所示的验证方案完成相关实验，验证结果如表 8.2 所示，通过对比实验分析可知：

① 其他条件不变，出货前增加回流焊接和不加回流焊接，沉金表面处理均存在焊点开裂问题，因此，焊点失效与是否回流焊接无关，详细情况见表 8.2 中的方案 1、方案 2、方案 3 和方案 4。

② 其他条件不变，对比化镍金前工序对焊点强度的影响，发现化镍金前工序对于焊点强度无明显影响，详细情况见表 8.2 中的方案 7、方案 9 和方案 11。

③ 其他条件不变，对沉金表面处理和化锡表面处理进行对比，发现化锡焊点强度明显比沉金焊点强度要高，因此，焊点失效与化镍金表面处理强度相关，详细情况见表8.2的方案1、方案2、方案5和方案6。

④ 其他条件不变，对比不同沉金药水，B 化镍金药水和 A 化镍金药水 2 型号明显比 A 化镍金药水 1 型号的焊点强度高，焊点强度与 A 化镍金药水 1 型号强相关；详细情况见表 8.2 的方案 7、方案 8 和方案 10。

表 8.2　验证结果

序号	典型照片		结果判定
方案 1			焊点断裂
方案 2			焊点断裂
方案 3			焊点断裂
方案 4			焊点断裂
方案 5			焊接良好

序号	典型照片	结果判定
方案 6		焊接良好
方案 7		焊点断裂
方案 8		焊接良好
方案 9		焊点断裂
方案 10		焊接良好
方案 11		焊点断裂

8.1.4 实验结论

通过失效分析及交叉实验，我们得出以下几点结论：

① 射频插座这种特定封装的焊点开裂问题相对比较复杂，采用传统的失效分析方法很难确定主要原因，需要借助交叉实验的结果加以验证确定。

② 在选择化金药水时要考虑产品特性，特定的化镍金药水型号对于特殊的封装形式会存在不适用性，比如表 8.1 中 A 化镍金药水 1 型号对于射频插座这种封装形式不适用。

③ 对于化镍金表面处理的质量监控不能仅仅局限于化镍金厚度、磷（P）含量等传统的管控方式，还应该增加对焊点 IMC 层的质量监控。

8.2 超期 PCB 质量风险评估分析

对于存储期而言，在一般的室温环境条件下，密封包装的采用沉金和 OSP 工艺的 PCB 的有效存储时间为 6 个月，而采用沉银和沉锡工艺的 PCB 的有效存储时间为 3 个月。存储的过程是一个缓慢老化的过程，其间 PCB 表面由于受到环境中的温度或湿度的影响而出现一定的氧化或者劣化情况，最终会影响 PCB 相关性能。企业在实际生产中，经常遇到 PCB 超存储期（简称超期）问题，如果直接报废，会给企业造成巨大的经济损失；如果直接使用，又给企业带来潜在的产品质量风险。本节将通过实验，对超期 PCB 质量风险进行详细评估分析，为企业超期 PCB 的使用评估提供指导方法。

8.2.1 实验目的

① 通过测试超期 PCB 在不同烘烤条件下吸水率的差异，验证超期 PCB 烘烤后吸水率达到最低水平的烘烤参数，以便最大限度地减少超期板因吸水受潮出现的分层问题。

② 提供超期 PCB 经焊接、组装成整机后，通过测试的单板在外场长期应用的可靠性评估方法。

8.2.2 超期 PCB 实验方案

1. 样品准备

选取一款 14 层、长 400 mm、宽 300 mm、厚 3 mm 的 PCB 进行测试，所有样品的实际在库储存期均大于 6 个月小于 1 年，实验样品如表 8.3 所示。

① 取 A 厂家和 B 厂家 PCB 光板各 40 pcs（其中 35 pcs 超期，5 pcs 未超期），取 A 厂家和 B 厂家超期 PCB 光板各 1 pcs，用于完成 1# 和 2# 实验。

② 取已超期且已分层的 PCBA 单板 5 pcs，取已超期但未分层的且通过测试的 PCBA 单板 12 pcs（A 厂家和 B 厂家各 6 pcs），用于完成 3# 可靠性测试。

③ 取已超期但未分层的且通过测试的 PCBA 单板 24 pcs（A 厂家和 B 厂家各 12 pcs）完成 4# 实验——在高温高湿（温度：85℃，湿度：85%）下放 7 天，然后立即做单板测试，观察测试是否通过。

④ 取 2 块超期 PCB 的整机板（A 厂家和 B 厂家各 1 块）和 2 块超期且已分层的整机板（A 厂家和 B 厂家各 1 块）分别做 5# 实验，评估 PCBA 是否有 CAF 风险。

⑤ 在产线上选取一批超期但通过测试的 PCBA 单板 1500 pcs 做 6# 实验：进行二次 48 h 高温老化后，统计是否有故障单板，验证和评估筛选效果。

表 8.3　实验样品

实验组别及目的	样品数量
1 # 实验：PCB 光板吸水率实验 目的：验证最优烘烤方案	取 A 厂家和 B 厂家各 10 pcs 超期 PCB 光板
	取 A 厂家和 B 厂家各 5 pcs 超期 PCB 光板
	取 A 厂家和 B 厂家各 1 pcs 超期 PCB 光板
	取 A 厂家和 B 厂家各 5 pcs 未超期 PCB 光板
2 # 实验：PCB 光板耐热实验和温度循环实验 目的：验证 PCB 单板长期存储的可靠性	取 20 pcs 超期 PCB 光板
	完成 1# 实验后，取 20 pcs PCB 光板
3# 实验：PCBA 温度循环实验 目的：评估外场应用分层面积是否继续扩展	取 5 pcs 已分层 PCBA
	取 6 pcs A 厂家超期 PCBA
	取 6 pcs B 厂家超期 PCBA
4# 实验：PCBA 高温高湿实验 目的：评估单板在外场受潮情况下的可靠性	取 12 pcs A 厂家超期 PCBA
	取 12 pcs B 厂家超期 PCBA
5# 实验：整机板上电高温高湿实验 目的：评估单板是否发生 CAF 失效故障	取 2 块超期但未分层的 PCB 整机板（A 厂家和 B 厂家各 1 块）
	取 2 块超期且已分层的 PCB 整机板（A 厂家和 B 厂家各 1 块）
6# 实验：PCBA 两次高温老化 目的：延长老化时间后观察筛选效果	在产线上选取是一批超期但通过测试的 PCBA 单板 1500 pcs

2. 实验详细方案

（1）1# 实验：PCB 光板吸水率实验

1# 实验方案如表 8.4 所示。取 A 厂家和 B 厂家各 21 pcs PCB 光板（其中超期 PCB 各家 16 pcs，未超期 PCB 各家 5 pcs），先对其编号并一一称重，同时做好记录；在 125℃ 下，对叠板（1 pcs／叠、5 pcs／叠、10 pcs／叠分别烘烤 4 h 和 6 h，然后，称重并对比烘烤前后质量差异，计算吸水率。

表 8.4　1# 实验方案

实验组别及目的	样品数量	烘烤条件 1	烘烤条件 2（在 4 小时基础上，加烤 2h）
1 # 实验：PCB 光板吸水率实验 目的：验证最优烘烤方案	2×10 pcs 超期样品	125℃，4 h，10 pcs／叠，称重一次	125℃，6 h，10 pcs／叠，称重一次
	2×5 pcs 超期样品	125℃，4 h，5 pcs／叠，称重一次	125℃，6 h，5 pcs／叠，称重一次
	2×1 pcs 超期样品	125℃，4 h，1 pcs／叠，称重一次	125℃，6 h，1 pcs／叠，称重一次
	2×5 pcs 未超期样品	不烘烤	

（2）2 # 实验：PCB 光板耐热实验

2# 耐热实验方案如表 8.5 所示。取 20 块完成 1# 实验的 PCB 光板，再取 20 块超期（未烘烤）PCB 光板，进行 5 次回流焊接（焊接标准参照 IPC-TM-650 2.6.27，结合表 8.5，设置回流焊接曲线）后，观察样品是否分层并对其做 ET 测试，如果有分层并导致开路，则对其切片检查，确认 PCB 过孔是否出现镀层裂纹、分层、起泡、孔断等异常现象。

表 8.5　2# 耐热实验方案

回流焊接测试	板面峰温	停留时间	回流焊接次数
无铅	（260±5）℃	255℃ 以上，20~30 s	5 次

（3）2 # 实验：PCB 光板温度循环实验

2# 温度循环实验方案如表 8.6 所示。采用经过 2# 耐热实验后的 40 块 PCB 光板继续做 2# 温度循环实验，实验方案见表 8.6。在第 330 次和 500 次温度循环后，分别对样品进行四线和 ET 测试，如果没有问题，则在指定的位置对其进行切片分析，检查是否分层。

表 8.6　2# 温度循环实验方案

项目	实验要求
样品数量	取完成 2 # 耐热实验后的 40 块 PCB 光板
样品要求	进行 ET 测试 + 四线测试
温度变化范围	-40~+125℃
温度变化速率	11℃／min
高、低温保持时间	15 min（IPC-9701 要求保持 10 min 及以上）
24 h 温度循环次数	24 次／天
样品放置要求	将 PCB 充分暴露在环境中，在温度循环过程中样品不上电。
取样测试要求	① 累计完成 330 次温度循环后，第 1 次取样进行四线和 ET 测试； ② 累计完成 500 次温度循环后，第 2 次取样进行四线和 ET 测试终止实验

续表

项目	实验要求
失效判据	PCB 因分层导致过孔镀层拉断开路，通过切片分析确认
实验终止条件	累计最少完成 500 次温度循环

（4）3# 实验：PCBA 温度循环实验

3# 实验方案如表 8.7 所示。在产线上取 5 块出现分层鼓包的 PCBA 单板（分层区域画圈标示，见图 8.12），取 A 厂家和 B 厂家各 6 块超期 PCBA，被测 PCBA 单板共计 17 pcs。按表 8.7 给出的 3# 实验温度循环方案进行实验，在第 330 次和 500 次温度循环后，分别观察分层面积是否扩展并进行单板测试，如果没有问题，则在指定位置对其进行切片分析，检查是否分层。

表 8.7　3# 实验方案

3# 实验：PCBA 温度循环实验 目的：评估外场应用分层面积是否继续扩展	5 pcs 已分层单板（没通过 FT 测试）	观察前期指定位置的分层区是否出现扩展，尝试通过砂纸打磨去掉阻焊绿油层后，用万用表测量确认孔是否断开，通过切片分析确认
	取 6 pcs A 厂家超期 PCBA	单板测试，通过切片分析确认
	取 6 pcs B 厂家超期 PCBA	单板测试，通过切片分析确认

实验要求	
样品数量	现有分层鼓包 PCBA 单板 5 块，取 A 厂家和 B 厂家各 6 pcs 超期 PCBA，被测 PCBA 单板共计 17 pcs
样品要求	通过 FT 测试
温度变化范围	−40~+125℃
温度变化速率	11℃ /min
高、低温保持时间	30 min（IPC-9701 要求保持 10 min 及以上）
24 h 温度循环次数	16 次 / 天
样品放置要求	PCB 充分暴露在环境中，在温度循环过程中样品不上电
取样测试要求	① 累计完成 330 次温度循环后，第 1 次取样进行 ET 测试； ② 累计完成 500 次温度循环后，第 2 次取样进行 ET 测试并终止实验
失效判据	PCB 因分层导致过孔镀层拉断开路，通过切片分析确认
实验终止条件	累计最少完成 500 次温度循环

（5）4# 实验：PCBA 高温高湿实验

4# 实验方案如表 8.8 所示。取 A 厂家和 B 厂家两厂家各 12 pcs 超期 PCBA 单板，在温度 85℃、湿度 85% 的条件下放置（简称"双 85 实验"），在实验的第 7 天，做 FT 测试。

表 8.8　4# 实验方案

4# 实验：PCBA 高温高湿实验	单板样品	实验项目
目的：评估单板在外场受潮情况下的可靠性	12 pcs A 厂家 PCBA	7 天"双 85 实验"后进行 FT 测试
	12 pcs B 厂家 PCBA	7 天"双 85 实验"后进行 FT 测试

（6）5# 实验：整机板上电高温高湿实验

5# 实验方案如表 8.9 所示。取 2 块超期 PCB 整机板（A 厂家和 B 厂家各 1 块）和 2 块已分层整机板（A 厂家和 B 厂家各 1 块）分别进行 5# 实验，评估 PCBA 是否有 CAF 风险。

表 8.9　5# 实验方案

	单板样品	实验项目
5# 实验：整机板上电高温高湿实验 目的：评估单板是否发生 CAF 失效故障	2 块超期 PCB 整机板（A 厂家和 B 厂家各 1 块）	实验进行 7 天后，检查整机是否通过测试；继续实验，累计进行 28 天后，检查整机测试是否通过
	2 块超期且已分层整机板（A 厂家和 B 厂家各 1 块）	进行实验 7 天和 21 天，测试单板分层区域内过孔对地阻值前后有没有明显变化，与良品单板对比，阻值有没有明显变化

（7）6# PCBA 两次高温老化

在产线上选取一批超期但通过测试的 PCBA 单板 1500 pcs，进行二次时长 48 h 的高温老化实验，统计单板是否有故障，验证和评估筛选效果。

8.2.3　超期 PCB 实验结果

（1）1# 实验：PCB 光板吸水率实验结果

取超期的 A 厂家 PCB 16 pcs 和 B 厂家 15 pcs，在 125℃ 下，对叠板（1 pcs／叠、5 pcs／叠、10 pcs／叠）分别烘烤 4 h 和 6 h，然后，称重并对比烘烤前后质量差异，计算吸水率。1# 实验结果如表 8.10，A 厂家和 B 厂家 PCB 在不同条件下吸水率如图 8.10 所示

表 8.10　1# 实验结果

实验组别及目的	PCB 品牌	样品数量	125℃，烘烤 4 h	125℃，烘烤 6 h
1 # 实验：PCB 光板吸水率实验 目的：验证最优烘烤方案	A 厂家	10 pcs 超期样品	10 pcs／叠 吸水率均值：0.041%	10 pcs／叠 吸水率均值：0.042%
		5 pcs 超期样品	5 pcs／叠，吸水率均值：0.051%	5pcs／叠 吸水率均值：0.052%
		1 pcs 超期样品	1 pcs／叠 吸水率均值：0.05%	1 pcs／叠 吸水率均值：0.053%

续表

实验组别及目的	PCB 品牌	样品数量	125℃，烘烤 4 h	125℃，烘烤 6 h
1 # 实验：PCB 光板吸水率实验 目的：验证最优烘烤方案	B 厂家	10 pcs 超期样品	10 pcs ／叠 吸水率均值：0.032%	10 pcs ／叠 吸水率均值：0.037%
		5 pcs 超期样品	5 pcs ／叠 吸水率均值：0.043%	5 pcs ／叠 吸水率均值：0.047%

由表 8.10 中两厂家烘板吸水率数据可知：

① 在 125℃ 下，烘烤 4 h 和烘烤 6 h，两厂家 PCB 的烘板效果无明显差别。

② 5 pcs ／叠的烘板效果比 10 pcs ／叠的烘板效果好，5 pcs ／叠的烘板效果和 1 pcs ／叠的烘板效果差异不大。

故此，对超期板，推荐采用的烘烤方式是：125℃，4 h，5 pcs ／叠。

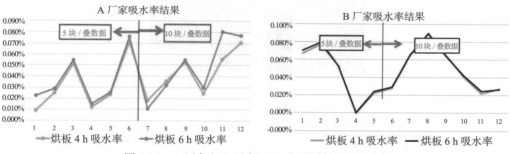

图 8.10　A 厂家和 B 厂家 PCB 在不同条件下吸水率

（2）2 # 实验：PCB 光板耐热实验和温度循环实验结果

对 A 厂家和 B 厂家的 PCB，各取 15 块完成 1# 实验的 PCB 光板和 20 块超期（未烘烤）PCB 光板，再各取 5 块未超期 PCB 光板，进行 5 次回流焊接，然后继续做温度循环实验。结果表明：经过 5 次回流焊接后，超期板和未超期板外观均未发现分层且电测结果均良好；经过 330 次温度循环和 500 次温度循环后，超期板和未超期板四线测试和电测结果均良好，在指定位置对其进行切片分析，均未发现分层。2# 实验结果如表 8.11 所示，2 # 实验后典型切片如图 8.11 所示。

表 8.11　2# 实验结果

实验组别及目的		样品数量	实验结果
2 # 实验：PCB 光板耐热实验和温度循环实验 目的：验证 PCB 单板长期存储的可靠性	A 厂家 40 pcs	20 pcs 超期 PCB 光板（未烘烤）	经过 330 次温度循环和 500 次温度循环后，超周期板和未超周期板的四线测试和电测结果均良好，在指定位置进行切片分析，均未发现分层
		15 pcs 超期 PCB 光板（在 1# 实验中烘烤过）	
		5 pcs 未超期 PCB 光板	

实验组别及目的	样品数量		实验结果
2 # 实验：PCB 光板耐热实验和温度循环实验 目的：验证 PCB 单板长期存储的可靠性	B 厂家 40 pcs	20 pcs 超期 PCB 光板（未烘烤）	经过 330 次温度循环和 500 次温度循环后，超周期板和未超周期板四线测试和电测结果均良好，在指定位置进行切片分析，均未发现分层异
		15 pcs 超期 PCB 光板（在 1# 实验中烘烤过）	
		5 pcs 未超期 PCB 光板	

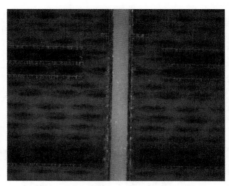

图 8.11　2 # 实验后典型切片

（3）3# 实验：PCBA 温度循环实验结果

在产线上取 5 块出现分层鼓包的 PCBA 单板（分层区域画圈标示，见图 8.12），取 A 厂家和 B 厂家各 6 块超期 PCBA 单板，进行温度循环实验。实验结果表明：已分层单板经温度循环实验后，分层面积没有继续向外扩展和延伸；超期 PCB 单板在经过 500 次温度循环后，单板测试没有发现因 PCB 分层导致的故障问题，说明在外场应用环境下，出现因分层导致的故障风险较小。3# 实验结果如表 8.12 所示，分层单板阻抗测试与外观如图 8.12 所示。

表 8.12　3# 实验结果

实验组别及目的	样品数量	实验结果
3# 实验：PCBA 温度循环实验 目的：评估外场应用分层面积是否继续扩展	5 pcs 已分层 PCBA 单板（未通过 FT 测试）	经过 330 次温度循环和 500 次温度循环后，未发现分层区面积向外扩展，采用万用检测，确认分层区域周围的孔没有被拉断
	6 pcs B 厂家 PCBA 单板	经过 330 次和 500 次温度循环实验后，3 次取样，结果在 500 次温度循环内，单板测试没有发现因 PCBA 分层导致的故障问题，表明产品在外场应用周期内（10 年相当于 330 次温度循环）发生故障的风险较小
	6 pcs A 厂家 PCBA 单板	

实验前分层单板外观	330 次温循实验后，分层单板外观	500 次温循实验后，分层单板外观

通过 330 次和 500 次温度循环实验后，用万用表测量，分层区域周围孔口两端通路没有因分层而出现拉断异常，说明分层区域面积没有再次扩展

图 8.12　分层单板阻抗测试与外观

（4）4# 实验：PCBA 高温高湿实验结果

取 A 厂家和 B 厂家两厂家各 12 pcs 超期 PCBA 单板，在温度 85℃、湿度 85% 的条件下放置 7 天后，立即安排进行单板测试，超期单板都通过测试，说明在外场应用环境下，单板出现短路等故障风险较小，4# 实验结果如表 8.13 所示。

表 8.13　4# 实验结果

实验组别及目的	样品数量	实验结果
4# 实验：PCBA 高温高湿实验	12 pcs A 厂家单板	高温高湿条件下通过测试
目的：评估单板在外场受潮情况下的可靠性	12 pcs B 厂家单板	高温高湿条件下通过测试

（5）5# 实验：整机板上电高温高湿实验结果

取 2 块超期 PCB 整机板（A 厂家和 B 厂家各 1 块）和 2 块已分层整机板（A 厂家和 B 厂家各 1 块）并上电（48 V），在高温高湿（"双 85"）条件下保持 7 天（根据标准 IPC-TM-650 方法 2.6.14），如果被测板合格，延长保持时间至 28 天，进行整机测试，或者测试两端绝缘阻值是否下降。经验分析可知，CAF 发生概率不大，因为分层区域的孔为信号传输孔，本身电流小，且孔到线距离较大，达到 8 mil（1 mil=0.0254 mm）（这种情况发生 CAF 概率较小），由前期评估结果可知，FR-4 板材发生 CAF 的距离至少为 4 mil。2 块超期单板装整机在高温高湿环境下上电 28 天，整机测试均通过，未发生 CAF 失效；2 台已分层的单板装整机在高温高湿环境下上电 21 天，通过测试发现分层区域过孔与 GND 间的阻值变化不明显，判断未发生 CAF 失效，故 CAF 微短路故障风险较小。5# 实验结果如表 8.14 所示，5# 实验中测量的绝缘阻值如表 8.15 所示。

表 8.14　5# 实验结果

实验组别及目的	样品数量	实验结果
5# 实验：整机板上电高温高湿实验 目的：评估单板是否发生 CAF 失效故障	2 块超期 PCB 整机板（A 厂家和 B 厂家各 1 块）	实验进行 7 天后，通过整机测试，继续实验，累计进行 28 天后，同样通过整机测试，无 CAF 失效
	2 块超期且已分层 PCB 整机板（A 厂家和 B 厂家各 1 块）	在实验的第 7 天和第 21 天，测试单板分层区域内过孔对地阻值，前后没有明显变化，与良品单板对比，阻值同样没有明显变化，无 CAF 微短路失效特征

表 8.15　5# 实验中测量的绝缘阻值

序号	良品板	1# 分层单板			2# 分层单板			是否发生 CAF 失效
		实验前	7 天后	21 天后	实验前	7 天后	21 天后	
1# 过孔对 GND 阻值 / MΩ	0.386	无穷大	无穷大	无穷大	无穷大	无穷大	无穷大	否
2# 过孔对 GND 阻值 / MΩ	1.67	1.75	1.78	1.72	1.70	1.72	1.77	否
3# 过孔对 GND 阻值 / MΩ	1.52	1.78	1.75	1.71	1.87	1.77	1.78	否
4# 过孔对 GND 阻值 / MΩ	1.56	1.67	1.67	1.66	1.79	1.71	1.73	否
5# 过孔对 GND 阻值 / MΩ	0.32	1.1	1.17	1.2	1.12	1.02	1.11	否
6# 过孔对 GND 阻值 / MΩ	0.07	0.075	0.08	0.08	0.07	0.12	0.10	否
7# 过孔对 GND 阻值 / MΩ	0.04	0.04	0.05	0.05	0.05	0.05	0.06	否
8# 过孔对 GND 阻值 / MΩ	0.03	0.04	0.05	0.05	0.05	0.05	0.06	否
9# 过孔对 GND 阻值 / MΩ	0.09	0.15	0.14	0.15	0.11	0.17	0.14	否
10# 过孔对 GND 阻值 / MΩ	1.60	2.60	2.75	2.65	1.77	1.67	1.74	否
11# 过孔对 GND 阻值 / MΩ	1.50	2.40	2.57	2.52	1.79	1.70	1.88	否
12# 过孔对 GND 阻值 / MΩ	0.58	0.85	0.75	0.88	0.78	0.72	0.75	否
13# 过孔对 GND 阻值 / MΩ	0.77	1.19	1.1	1.2	1.87	1.67	1.80	否
14# 过孔对 GND 阻值 / MΩ	1.7	2.7	2.1	2.2	1.76	1.71	1.86	否
15# 过孔对 GND 阻值 / MΩ	0.01	0.017	0.017	0.02	0.02	0.022	0.016	否

（6）6# PCBA 两次高温老化结果

取 8595 pcs 超期 PCBA 单板，进行两次时长 48 h 的高温老化实验，未出现故障单板，说明筛选效果良好，6# 实验结果如表 8.16 所示。

表 8.16 6# 实验结果

实验组别及目的	样品数量	实验结果
6# 实验：PCBA 两次高温老化 目的：延长老化时间后观察筛选效果	要求所有超期单板必须严格进行时长 48 h 的高温老化实验	通过两次时长 48 h 的高温老化实验，8595 pcs 超期 PCBA 单板中未发现分层、开路现在，筛选效果良好

8.2.4 实验结论

① 1# 实验结果表明：125℃，4 h，5 pcs／叠的烘烤条件可以满足生产要求，可将 PCB 吸水率降到最低。

② 2# 实验结果表明：超期 PCB 满足外场 10 年的寿命要求，且不会出现 PCB 分层恶化异常情况。

③ 3# 实验结果表明：已分层 PCBA 单板在外场应用过程中，分层面积不会继续向外扩展和延伸；超期 PCBA 单板在外场应用环境下出现因分层导致的故障风险较小。

④ 4# 实验结果表明：超期 PCBA 单板在高温高湿的外场应用环境下，出现故障风险较小。

⑤ 5# 实验结果表明：超期整机板和超期且已分层的整机板均未发生微短路 CAF 失效，外场出现 CAF 故障风险较小。

⑥ 6# 实验结果表明：两次高温老化筛选无一漏失，说明通过外观观察加功能测试的筛选方案效果有效。

综上所有实验结果，经过外观观察加功能测试筛选后的超期 PCB 单板，在外场 10 年应用周期内，出现故障风险较小且可控。

8.3 高频 PCB 板材耐温能力评估

8.3.1 背景及产品需求

通信设备和元器件都朝着高集成方向发展，单板上局部温度持续升高，对 PCB 板材的耐温能力要求越来越高。无线功放产品，由于功耗越来越高，对 PCB 高频板材的耐温能力提出了更高的要求，产品要求 PCB 板材（如 R4350B）能承受 150℃ 以上的应用高温。下面我们将从产品需求出发分析高频板材在更高温度下工作的可靠性。

8.3.2 评估模型及样品

1. 评估模型

依据 UL 标准，我们采用以下两种模型加速老化 PCB 板材。

PCB 板材的热老化加速模型一：在温度 t 下，对 PCB 进行加速热老化实验 10 天，相当于在外场实际应用温度 t_1 下，PCB 正常工作 10 万小时（11.4 年）。

$$t=1.076 \times (t_1+288)\text{-}273 \tag{8.1}$$

PCB 板材热老化加速模型二：在温度 t 下，对 PCB 进行加速热老化实验 56 天，相当于在外场实际应用温度 t_1 下，PCB 正常工作 10 万小时。

$$t=1.02 \times (t_1+288)\text{-}273 \tag{8.2}$$

2. 导线附着力测试图形

单块测试板样品至少需要 24 个，其尺寸大小可自行设计（如 45 mm×100 mm）。板材采用高频板材，厚度大于 0.65 mm，采用化镍金表面处理方法；同一个样品，需要有 0.5 mm、0.8 mm、1.2 mm、1.6 mm，四种测试线宽，线路的一端宽线设计为 1.6 mm，便于线路附着力测试；铜厚为 1 oz 或者 0.5 oz+plating（1 oz=35μm）。另外，测试板材 Dk 和 Df 电性能的图形可另行设计。样品 PCB 设计图如图 8.13 所示。

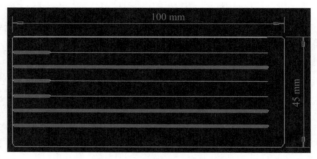

图 8.13　样品 PCB 设计图

3. 实验线宽附着力判定

导线附着力测试参考 UL-796 标准，所有线宽附着力判定标准不低于 0.35 N/mm。PCB 附着力测试设备，又称 PCB 剥离强度测试设备，如图 8.14 所示。

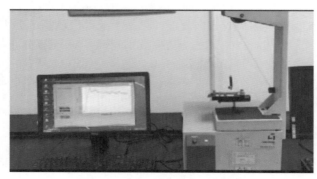

图 8.14　PCB 剥离强度测试设备

8.3.3　实验方法

1. 实验条件

需要样品至少 24 件，实验前处理内容包括：121℃ /90 min(除水汽)+ 模拟回流焊接 5 次，为精准细化产品在外场实际工作温度，将所有样品采用精准细化方法实验，典型外场最高环境温度分布以巴基斯坦的木尔坦城市温度为参考对象，并考虑太阳辐射对温度的影响，全年温度分布与近似取值如表 8.17 所示。说明：每年按 8760 h 计算。

表 8.17　全年温度分布与近似取值

温度区间	35℃ 以下	35 ～ 40℃	40 ～ 45℃	45 ～ 50℃	50℃ 以上
每年小时数 / h	5397	1759	900	544	160
近似取值温度 / ℃	35℃	40℃	45℃	50℃	55℃
10 万小时分配 / h	61610	20080	10274	6210	1826
产品工作时 PCB 温度 / ℃	155	160	165	170	175
PCB 板材热老化加速模型二：$t=1.02 \times (t_1+288)-273$，在温度 t 下，对 PCB 进行加速热老化实验 56 天，相当于在外场实际应用温度 t_1 下，PCB 正常工作 10 万小时，可推出老化实验条件如下					
老化实验温度 / ℃	178.8	183.9	189	194.1	199.2
分配实验天数 / d	34.5	11.2	5.8	3.5	1

2. 样品烘烤老化过程

按照如表 8.18 所示的样品烘烤时间与温度对样品进行老化处理，无升温速率要求，统一即可，注意将样品平放在温箱内，样品烘烤老化过程如图 8.15 所示。

表 8.18　样品烘烤时间与温度

老化实验温度	(178.8±1)℃	(183.9±1)℃	(189±1)℃	(194.1±1)℃	(199.2±1)℃
分配实验天数	34.5 d±5 min	11.2 d±5 min	5.8 d±5 min	3.5 d±5 min	1 d±5 min

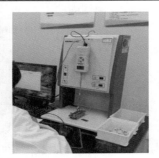

图 8.15　样品烘烤老化过程

8.3.4 老化后的剥离强度

参考 IPC-TM-650 2.4.8C 标准，垂直拉伸速率为 50.8 mm/min，测试各组线宽数据（每组至少测试 24 个数据），记录均值与最小值。经过相同条件的老化处理后，三款板材的抗剥强度随线宽的减小而降低，RO4350B 和 HC348 均无法满足 0.35 N/mm 的要求，S7136H 在 0.5 mm 和 0.8 mm 线宽条件下也无法满足要求。从整体上看来，S7136H 较其他两款板材的抗剥强度大 0.2～0.3 N/mm，最终结果分别如表 8.19、表 8.20 和表 8.21 所示。其中，HC348 剥离强度数据如表 8.19 所示，RO4350B 剥离强度数据如表 8.20 所示，S7136H 剥离强度数据如表 8.21 所示。

表 8.19 HC348 剥离强度数据

| 样品编号 | HC348 抗剥数据 / (N/mm) | | | | | | | |
| | 线宽 / mm | | 0.50 | | 0.80 | | 1.20 mm | | 1.60 mm | |
	要求：大于 2 lb/in	正面	反面	正面	反面	正面	反面	正面	反面
1	最小值	0.00	0.00	0.00	0.02	0.06	0.03	0.05	0.16
	均值	0.00	0.00	0.00	0.02	0.08	0.04	0.15	0.19
2	最小值	0.00	0.00	0.01	0.00	0.04	0.06	0.08	0.19
	均值	0.00	0.00	0.03	0.00	0.04	0.09	0.11	0.20
3	最小值	0.00	0.00	0.00	0.00	0.18	0.14	0.27	0.24
	均值	0.00	0.00	0.00	0.00	0.22	0.18	0.30	0.29
4	最小值	0.00	0.00	0.00	0.00	0.02	0.04	0.11	0.13
	均值	0.00	0.00	0.00	0.00	0.03	0.05	0.13	0.17
5	最小值	0.00	0.00	0.00	0.00	0.13	0.08	0.32	0.26
	均值	0.00	0.00	0.00	0.00	0.15	0.11	0.34	0.29
6	最小值	0.00	0.00	0.00	0.00	0.14	0.03	0.26	0.13
	均值	0.00	0.00	0.00	0.00	0.18	0.05	0.29	0.16
7	最小值	0.00	0.00	0.00	0.00	0.01	0.25	0.05	0.08
	均值	0.00	0.00	0.00	0.00	0.02	0.29	0.08	0.11
8	最小值	0.00	0.00	0.00	0.00	0.01	0.25	0.03	0.04
	均值	0.00	0.00	0.00	0.00	0.03	0.29	0.11	0.07
9	最小值	0.00	0.00	0.00	0.00	0.05	0.07	0.07	0.26
	均值	0.00	0.00	0.00	0.00	0.07	0.09	0.13	0.30
10	最小值	0.00	0.00	0.00	0.00	0.06	0.18	0.10	0.02
	均值	0.00	0.00	0.00	0.00	0.10	0.21	0.17	0.05

样品编号		HC348 抗剥数据 / (N/mm)							
	线宽 / mm	0.50		0.80		1.20 mm		1.60 mm	
	要求：大于 2 lb/in	正面	反面	正面	反面	正面	反面	正面	反面
11	最小值	0.00	0.00	0.00	0.00	0.04	0.08	0.15	0.23
	均值	0.00	0.00	0.00	0.00	0.08	0.12	0.19	0.26
12	最小值	0.00	0.00	0.00	0.00	0.02	0.08	0.05	0.20
	均值	0.00	0.00	0.00	0.00	0.03	0.11	0.07	0.23
13	最小值	0.00	0.00	0.00	0.00	0.10	0.07	0.24	0.21
	均值	0.00	0.00	0.00	0.00	0.14	0.11	0.27	0.23
14	最小值	0.00	0.00	0.00	0.00	0.12	0.11	0.25	0.24
	均值	0.00	0.00	0.00	0.00	0.15	0.14	0.29	0.27
15	最小值	0.00	0.00	0.00	0.00	0.05	0.06	0.08	0.22
	均值	0.00	0.00	0.00	0.00	0.09	0.08	0.12	0.24
16	最小值	0.00	0.00	0.00	0.00	0.02	0.09	0.06	0.24
	均值	0.00	0.00	0.00	0.00	0.05	0.12	0.16	0.27
17	最小值	0.00	0.00	0.00	0.00	0.01	0.02	0.03	0.16
	均值	0.00	0.00	0.00	0.00	0.02	0.04	0.12	0.19
18	最小值	0.00	0.00	0.00	0.00	0.01	0.05	0.18	0.13
	均值	0.00	0.00	0.00	0.00	0.03	0.08	0.21	0.16
19	最小值	0.00	0.00	0.00	0.00	0.12	0.05	0.05	0.12
	均值	0.00	0.00	0.00	0.00	0.15	0.08	0.10	0.15
20	最小值	0.00	0.00	0.00	0.00	0.15	0.08	0.28	0.19
	均值	0.00	0.00	0.00	0.00	0.18	0.11	0.30	0.22
21	最小值	0.00	0.00	0.00	0.00	0.02	0.10	0.05	0.05
	均值	0.00	0.00	0.00	0.00	0.03	0.12	0.07	0.10
22	最小值	0.00	0.00	0.00	0.00	0.03	0.02	0.15	0.12
	均值	0.00	0.00	0.00	0.00	0.06	0.04	0.19	0.15
23	最小值	0.00	0.00	0.00	0.00	0.02	0.03	0.10	0.12
	均值	0.00	0.00	0.00	0.00	0.03	0.04	0.16	0.15
24	最小值	0.00	0.00	0.00	0.00	0.09	0.06	0.22	0.17
	均值	0.00	0.00	0.00	0.00	0.12	0.10	0.25	0.20

注释：1 lb=0.4536 kg；1 in=2.54 cm。

表 8.20 RO4350B 剥离强度数据

样品编号	RO4350B 抗剥数据 / (N/mm)							
	线宽 / mm	0.50	0.48	0.80	0.80	1.20	1.20	1.60	1.60
	要求：大于 2 lb/in	正面	反面	正面	反面	正面	反面	正面	反面
1	最小值	0.00	0.00	0.00	0.00	0.07	0.01	0.21	0.11
	均值	0.00	0.00	0.00	0.00	0.10	0.04	0.27	0.16
2	最小值	0.00	0.00	0.00	0.00	0.07	0.02	0.20	0.15
	均值	0.00	0.00	0.00	0.00	0.10	0.04	0.24	0.20
3	最小值	0.00	0.00	0.00	0.00	0.08	0.07	0.22	0.10
	均值	0.00	0.00	0.00	0.00	0.14	0.12	0.26	0.15
4	最小值	0.00	0.00	0.00	0.00	0.02	0.06	0.04	0.16
	均值	0.00	0.00	0.00	0.00	0.03	0.08	0.06	0.19
5	最小值	0.00	0.00	0.00	0.00	0.13	0.06	0.26	0.21
	均值	0.00	0.00	0.00	0.00	0.16	0.09	0.28	0.23
6	最小值	0.00	0.00	0.00	0.00	0.10	0.02	0.25	0.14
	均值	0.00	0.00	0.00	0.00	0.13	0.03	0.28	0.17
7	最小值	0.00	0.00	0.00	0.00	0.15	0.13	0.25	0.21
	均值	0.00	0.00	0.00	0.00	0.17	0.16	0.27	0.25
8	最小值	0.00	0.00	0.00	0.00	0.03	0.03	0.07	0.12
	均值	0.00	0.00	0.00	0.00	0.04	0.04	0.14	0.14
9	最小值	0.00	0.00	0.00	0.00	0.16	0.10	0.25	0.25
	均值	0.00	0.00	0.00	0.00	0.21	0.15	0.31	0.31
10	最小值	0.00	0.00	0.00	0.00	0.19	0.12	0.31	0.26
	均值	0.00	0.00	0.00	0.00	0.25	0.18	0.33	0.29
11	最小值	0.00	0.00	0.00	0.00	0.01	0.02	0.06	0.05
	均值	0.00	0.00	0.00	0.00	0.03	0.03	0.10	0.10
12	最小值	0.00	0.00	0.00	0.00	0.11	0.08	0.21	0.14
	均值	0.00	0.00	0.00	0.00	0.15	0.11	0.27	0.21
13	最小值	0.00	0.00	0.00	0.00	0.08	0.05	0.18	0.23
	均值	0.00	0.00	0.00	0.00	0.12	0.08	0.21	0.27
14	最小值	0.00	0.00	0.00	0.00	0.02	0.03	0.09	0.15
	均值	0.00	0.00	0.00	0.00	0.04	0.05	0.15	0.19

续表

样品编号	RO4350B 抗剥数据／(N/mm)							
	线宽／mm	0.50	0.48	0.80	0.80	1.20	1.20	1.60	1.60
	要求：大于 2 lb/in	正面	反面	正面	反面	正面	反面	正面	反面
15	最小值	0.00	0.00	0.00	0.00	0.04	0.06	0.08	0.22
	均值	0.00	0.00	0.00	0.00	0.06	0.09	0.11	0.24
16	最小值	0.00	0.00	0.00	0.00	0.13	0.04	0.27	0.17
	均值	0.00	0.00	0.00	0.00	0.15	0.07	0.29	0.22
17	最小值	0.00	0.00	0.00	0.00	0.06	0.01	0.15	0.11
	均值	0.00	0.00	0.00	0.00	0.10	0.04	0.20	0.14
18	最小值	0.00	0.00	0.00	0.00	0.05	0.03	0.16	0.14
	均值	0.00	0.00	0.00	0.00	0.08	0.06	0.22	0.17
19	最小值	0.00	0.00	0.00	0.00	0.06	0.00	0.17	0.09
	均值	0.00	0.00	0.00	0.00	0.10	0.01	0.21	0.10
20	最小值	0.00	0.00	0.00	0.00	0.05	0.05	0.25	0.19
	均值	0.00	0.00	0.00	0.00	0.10	0.09	0.28	0.23
21	最小值	0.00	0.00	0.00	0.00	0.01	0.02	0.02	0.02
	均值	0.00	0.00	0.00	0.00	0.03	0.03	0.06	0.06
22	最小值	0.00	0.00	0.00	0.00	0.16	0.11	0.26	0.22
	均值	0.00	0.00	0.00	0.00	0.20	0.14	0.29	0.26
23	最小值	0.00	0.00	0.00	0.00	0.03	0.02	0.13	0.07
	均值	0.00	0.00	0.00	0.00	0.05	0.06	0.16	0.12
24	最小值	0.00	0.00	0.00	0.00	0.10	0.08	0.25	0.22
	均值	0.00	0.00	0.00	0.00	0.15	0.12	0.29	0.26

注释：1 lb=0.4536 kg；1 in=2.54 cm。

表 8.21　S7136H 剥离强度数据

样品编号	S7136H 抗剥数据／(N/mm)							
	线宽／mm	0.50		0.80		1.60		1.20	
	要求：大于 2 lb/in	正面	反面	正面	反面	正面	反面	正面	反面
1	最小值	0.09	0.04	0.31	0.17	0.45	0.35	0.40	0.28
	均值	0.15	0.06	0.35	0.23	0.47	0.36	0.44	0.32
2	最小值	0.08	0.03	0.29	0.16	0.44	0.33	0.38	0.26
	均值	0.15	0.04	0.34	0.20	0.47	0.36	0.44	0.31

样品编号		0.50		0.80		1.60		1.20	
	线宽 / mm	\multicolumn{10}{l}{S7136H 抗剥数据 / (N/mm)}							
	要求：大于 2 lb/in	正面	反面	正面	反面	正面	反面	正面	反面
3	最小值	0.18	0.07	0.35	0.19	0.46	0.34	0.41	0.26
	均值	0.22	0.08	0.38	0.23	0.48	0.36	0.44	0.33
4	最小值	0.07	0.23	0.30	0.31	0.42	0.45	0.38	0.38
	均值	0.10	0.28	0.35	0.36	0.44	0.46	0.41	0.40
5	最小值	0.05	0.19	0.21	0.31	0.41	0.40	0.36	0.38
	均值	0.09	0.27	0.29	0.35	0.43	0.43	0.39	0.40
6	最小值	0.04	0.14	0.31	0.27	0.44	0.39	0.38	0.35
	均值	0.08	0.20	0.36	0.32	0.47	0.42	0.43	0.38
7	最小值	0.00	0.08	0.13	0.30	0.32	0.41	0.25	0.39
	均值	0.02	0.14	0.15	0.33	0.34	0.45	0.28	0.41
8	最小值	0.09	0.00	0.34	0.14	0.43	0.36	0.41	0.27
	均值	0.19	0.03	0.37	0.18	0.45	0.37	0.44	0.29
9	最小值	0.04	0.02	0.11	0.11	0.43	0.32	0.36	0.25
	均值	0.13	0.05	0.14	0.17	0.45	0.34	0.40	0.29
10	最小值	0.04	0.04	0.21	0.13	0.40	0.33	0.32	0.22
	均值	0.08	0.05	0.27	0.18	0.43	0.34	0.39	0.27
11	最小值	0.03	0.00	0.28	0.10	0.42	0.34	0.37	0.27
	均值	0.07	0.02	0.32	0.17	0.45	0.35	0.41	0.30
12	最小值	0.04	0.03	0.26	0.19	0.44	0.36	0.39	0.26
	均值	0.09	0.06	0.30	0.22	0.47	0.39	0.42	0.34
13	最小值	0.06	0.05	0.25	0.11	0.45	0.31	0.40	0.23
	均值	0.12	0.06	0.31	0.15	0.47	0.34	0.44	0.27
14	最小值	0.02	0.10	0.21	0.23	0.30	0.39	0.33	0.34
	均值	0.06	0.18	0.26	0.25	0.33	0.41	0.35	0.36
15	最小值	0.03	0.07	0.24	0.25	0.39	0.39	0.32	0.34
	均值	0.08	0.11	0.27	0.28	0.41	0.41	0.37	0.36
16	最小值	0.02	0.14	0.22	0.27	0.40	0.38	0.35	0.35
	均值	0.08	0.18	0.26	0.29	0.42	0.40	0.37	0.37

续表

样品编号	S7136H 抗剥数据 /（N/mm）								
	线宽 / mm	0.50		0.80		1.60		1.20	
	要求：大于 2 lb/in	正面	反面	正面	反面	正面	反面	正面	反面
17	最小值	0.04	0.08	0.20	0.21	0.38	0.38	0.33	0.33
	均值	0.10	0.13	0.25	0.25	0.43	0.45	0.36	0.36
18	最小值	0.04	0.04	0.20	0.13	0.38	0.33	0.32	0.23
	均值	0.08	0.06	0.26	0.18	0.43	0.35	0.38	0.27
19	最小值	0.03	0.03	0.30	0.33	0.36	0.38	0.33	0.36
	均值	0.06	0.08	0.33	0.36	0.40	0.43	0.36	0.38
20	最小值	0.02	0.10	0.19	0.22	0.40	0.37	0.34	0.31
	均值	0.07	0.15	0.25	0.27	0.43	0.40	0.38	0.35
21	最小值	0.08	0.03	0.21	0.20	0.33	0.33	0.30	0.33
	均值	0.13	0.07	0.26	0.25	0.38	0.37	0.34	0.36
22	最小值	0.02	0.03	0.11	0.18	0.37	0.36	0.26	0.33
	均值	0.03	0.07	0.16	0.25	0.40	0.39	0.31	0.38
23	最小值	0.07	0.13	0.18	0.19	0.33	0.33	0.28	0.29
	均值	0.13	0.18	0.26	0.24	0.38	0.36	0.35	0.34
24	最小值	0.04	0.00	0.28	0.30	0.42	0.23	0.39	0.40
	均值	0.10	0.01	0.35	0.36	0.46	0.27	0.42	0.45

注释：1 lb=0.4536 kg；1 in=2.54 cm。

8.3.5　板材老化对电性能影响的评估

1. 板材老化后 Dk 和 Df 的变化

① 介电常数（Dk）：是表征电介质或者绝缘材料电性能的一个重要参数，以 ε 表示，单位为法 / 米（F/m）。

② 介质损耗 Df：又称耗散因数、损耗角正切值，是损耗电流与充电电流的比值。损耗角正切是一个参数，表示信号或能量在电介质里传输与转换过程中所消耗的程度。

③ 测试方法：对于老化前后采用同样处理工艺的光板进行测试，同一块样品，老化前后各测试一次，测试方法完全一样。光板测试如图 8.16 所示。

图 8.16　光板测试

④ 带状线测试频率：1 ～ 10 GHz。

⑤ 采用 SPDR（分离柱电介质谐振器）测试 1.9 GHz、5 GHz、10 GHz 频段的 Dk 和 Df 值。

⑥ 测试数量：每种板材至少测试 24 个数据。

使用带状线测试电性能数据，各板材 Dk 和 Df 均会降低，但都在可接受范围内，如图 8.17 所示，该图展示了样品老化前后带状线 Dk 和 Df 变化趋势；使用 SPDR 测试电性能数据，各板材 Dk 和 Df 均会降低，但 RO4350B 老化前后的一致性明显比较好，如图 8.18 所示，该图展示了样品老化前后采用 SPDR 测试的 Dk 和 Df 变化趋势。

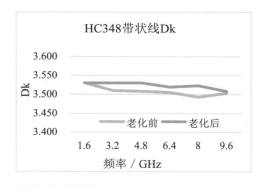
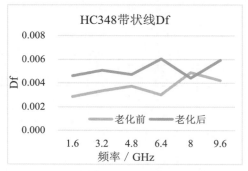

图 8.17　样品老化前后带状线 Dk 和 Df 变化趋势

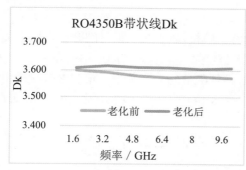
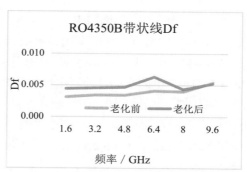

图 8.17　样品老化前后带状线 Dk 和 Df 变化趋势（续）

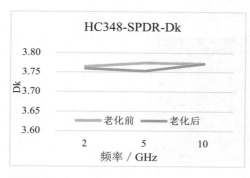
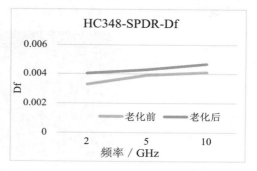

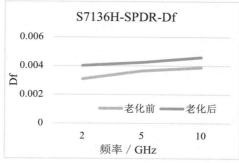
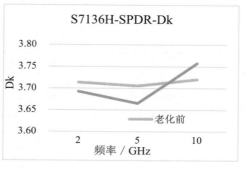

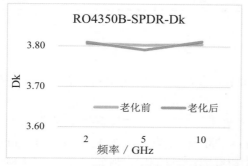
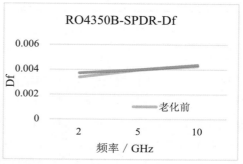

图 8.18　样品老化前后采用 SPDR 测试的 Dk 和 Df 变化趋势

2. 老化对产品特征阻抗的影响

产品性能与射频微带线的特征阻抗有关，而特征阻抗又与 PCB 板材的介电常数有关。基站通信系统的特征阻抗为 50 Ω，要求 PCB 厂加工公差为 ±10%，产品通用频点为 1.8 GHz、2.6 GHz、3.5 GHz，由此我们可计算出老化后 PCB 特征阻抗的衰减范围，根据微带线模型（见图 8.19），可模拟计算出板材老化后的特征阻抗。图 8.19 中，W_1 是线底宽度；W_2 是线面宽度；H_1 是介质层厚度；T_1 是铜厚；ε 是介电常数。

- 使用 SPDR 测试的电性能数据：板材老化后特征阻抗增大，增幅最大为 0.25 Ω，频率越高，增幅越大；
- 使用带状线测试的板材电性能数据：板材老化后特征阻抗会降低，降幅最大为 0.34 Ω，频率越高，降幅越大，板材老化后的特征阻抗如表 8.22 所示。

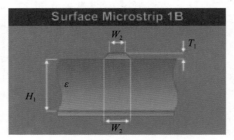

图 8.19　微带线模型

表 8.22　板材老化后的特征阻抗

板材老化后的特征阻抗 / Ω					
测试方法	SPDR		带状线		
测试频率 / GHz	2	5	1.6	3.2	4.8
HC348	50.03	50.12	50.01	49.88	49.85
RO4350B	49.97	50.06	49.95	49.86	49.82
S7136H	50.13	50.25	49.79	49.68	49.66

8.3.6　实验结论

① 可以使用 PCB 板材热老化加速模型对 PCB 的长期可靠性和电性能进行评估，进而确认 PCB 是否能在某个温度下长期工作。

② 老化对抗剥性能的影响：在相同的老化条件下，三款板材的抗剥强度随线宽的减小而降低，RO4350B 和 HC348 均无法满足 0.35 N/mm 的要求，S7136H 在 0.5 mm 和 0.8 mm 线宽下也无法满足要求。从整体上看来，S7136H 较其他两款板材的抗剥强度高 0.2 ～ 0.3 N/mm。

③ 老化对产品电性能的影响：

• 使用 SPDR 测试的电性能数据——板材老化后特征阻抗增大，增幅最大为 0.25 Ω，频率越高，增幅越大；

• 使用带状线测试的电性能数据——板材后老化后特征阻抗会降低，降幅最大为 0.34 Ω，频率越高，降幅越大。

8.4 高速 PCB 寿命评估方法研究

8.4.1 实验背景

伴随着电力电子设备高密度化、高集成化、多功能化，信号传输速度和频率越来越高，PCB 互连线的线宽、线间距及层间距等越来越小，与此同时，PCB 还面临着极端温度、湿度、污染、辐射等各种环境的长期综合影响。随着 PCB 电路系统使用环境越来越严苛，信号传输频率持续升高，使 PCB 基板电介质的老化速度更快，大大增加了信号在传输过程中发生损耗、串扰及遭受噪声干扰的概率，导致传输质量下降，使 PCB 所面临的绝缘问题越来越突出。PCB 的长期安全稳定运行受到了人们越来越广泛的重视，我们必须对 PCB 板材的基础性能、老化后的性能及设计等进行严格的分析和测试，以全面评估其对信号完整性的影响。

PCB 上信号的传输质量与板材的介电常数和介质损耗有至关重要关系，较高的介电常数和介质损耗都会导致信号的快速衰减。目前，随着电子器件功率的增加，以及 PCB 设计的高密度化和信号的高频化，导致大量热量聚集在 PCB 内部，使 PCB 温度急剧增加。同时，因板材本身具备一定的吸水性，因此在使用过程中 PCB 内部将渗入一定量的水分，在温度和湿度的长期双重老化作用下，板材的介电性能和介质损耗将发生一定的变化，进而对信号的传输质量造成一定的影响。目前，人们对温度和湿度的双重作用对高频高速信号完整性的影响关注较少，本实验将以高频高速应用中的多层 PCB 为研究对象，研究其在长时间高温高湿条件下，基板自身的可靠性及信号完整性的变化情况。

8.4.2 实验过程

1. 实验条件及过程

电子产品的设计寿命一般为 10 年（87600 h）。对于热老化，UL 已经建立了模拟实际应用温度 10 万小时的两种加速老化模型，能够快速测试、推算出基板使用 10 万小时后的性能指数。对于高湿环境下的老化，UL 建立的加速老化模型，一般按照引入湿度加速因子的 Arrhenius 模型计算，如式（8.3）所示。

$$AF = \exp[Ea/k \times (1/T_{常温} - 1/T_{高温})] \times (RH_{高温}/RH_{常温})^n \tag{8.3}$$

式中，AF 为加速因子；Ea 为活化能，单位为 eV；k 为玻尔兹曼常数；$T_{常温}$为常温工作的绝对温度，单位是开尔文（K）；$T_{高温}$为高温工作的绝对温度，单位是开尔文（K）；$RH_{高温}$为高温湿度；$RH_{常温}$为常温湿度；n 为湿度的加速率常数，介于 2 ～ 3 之间。

常规环境下，电子产品的使用环境是，温度：25℃，湿度：30%RH ～ 60%RH。为了验证湿度对基板的影响，我们对 PCB 在高湿度 80%RH 下工作 10 年的可靠性及介电性能进行测试。采用 Arrhenius 模型，我们可以通过计算得到：在高温高湿（98℃ /85%RH）条件下，对基板进行老化处理 771 h，可以等效该基板在 25℃ /80%RH 下工作 10 年。因此，在本实验中，对 PCB 在 98℃ /85%RH 下进行老化处理 771 h，然后将其在 70℃ 下烘烤 12 h。

2. 实验原材料及测试方法

本次实验主要以高速 PCB 为研究对象，分别为 6 层板、12 层板及 26 层板三种规格，高速 PCB 多层板的叠层结构如图 8.20 所示。另外，在后面两种 PCB 基板的 L11 层和 L26 层均设计有差分阻抗线，两种多层板除厚度不同外，材料组成、加工工艺、线路设计均相同。

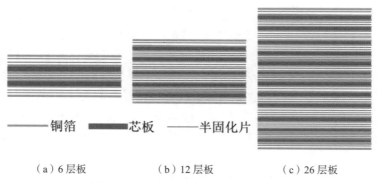

（a）6 层板 　　　　　（b）12 层板 　　　　　（c）26 层板

图 8.20　高速 PCB 多层板的叠层结构

对于基板的可靠性测试，主要基于 12 层板和 6 层板进行：将在 98℃ /85%RH 下老化处理 771h 后的 PCB 基板在 125℃ 下烘烤 4 h，然后进行 5 次回流焊接，对 PCB 基板的不同含铜位置、BGA（焊球阵列封装）位置、插件大孔位置、密集孔位置制进行切片，在 3D 景深显微镜下观察是否有分层等可靠性问题。

对于 PCB 材料的信号完整性的表征，主要采用差分法测试 PCB 上阻抗线的插损（IL）变化情况，插损测试模块如图 8.21 所示。插损指在传输系统的某处由于元件或器件的插入而发生的信号衰减损耗，其值的大小能够直观地反映信号质量的好坏。测试设备主要采用是德科技 N5225B-401 矢量网络分析仪和 MOLEX 连接器。首先，测试 L11、L26 在 4 GHz、8 GHz、12.89 GHz 和 16 GHz 下的常态插损；然后，在 98℃ /85%RH 条件下对被测板进行老化处理，在 70℃ 下烘烤 12 h 后，再次测试其老化插损，与常态值相比看其波动程度。

图 8.21　插损测试模块

8.4.3　结果分析

1. 湿度老化对耐热可靠性的影响

PCB 基板的可靠性差主要表现为电路板内部出现分层起泡，分层爆板照片如图 8.22 所示。造成印制电路板分层的原因很多，其基本机理是：PCB 在高温条件下，由于板材内不同材料具有不同膨胀系数而产生应力，当玻璃纤维布与树脂层、介质层与铜面之间的黏结力不足以抵抗内应力时，就会出现分层现象，PCB 内部出现分层后，将出现不可预测的电性能不良、磁干扰控制下降、基板使用寿命降低等故障，严重影响信号传输及基板的工作。在高速多层板中，更容易出现分层情况。

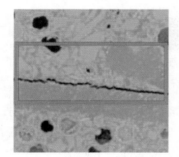

（a）板材内部树脂与玻璃纤维布之间分层

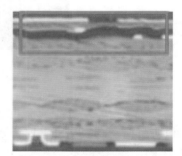

（b）板材内部树脂与铜箔分层

（c）PCB 板材表面起泡

图 8.22　分层爆板照片

　　PCB 分层情况在含铜区域、BGA 密集区及过孔周围出现的概率较大，因此，本实验对 PCB 上的上述区域（共 8 处位置）进行切片分析，具体切片位置如图 8.23 中红色框所示。

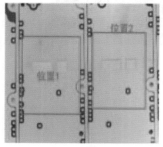
（a）12 层板含铜区域

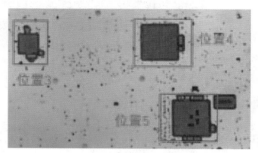
（b）12 层板 BGA 密集区

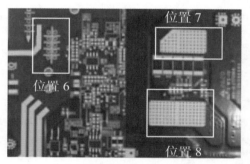
（c）6 层板插件孔、过孔密集区

图 8.23　切片位置

　　从含铜区域（位置 1 和位置 2）切片可以看出，含铜区域基板内部，树脂与玻璃纤维布之间、介质层与铜箔之间均未出现裂缝、分层起泡等不良问题，证明该 PCB 基板在加速老化（98℃ /85%RH）的条件下，含铜区仍具有稳定的耐热可靠性，从而保证其在 25℃ /80%RH 条件下能够保证 10 年的工作寿命，含铜区域老化处理后可靠性测试结果如表 8.23 所示。

表 8.23　含铜区域老化处理后可靠性测试结果

位置编号	3D 景深下观察照片
位置 1	

续表

位置编号	3D 景深下观察照片
位置 2	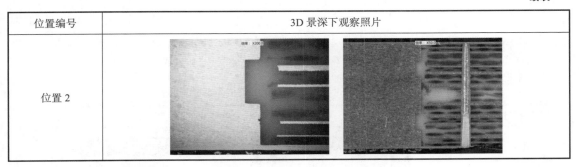

从 BGA 密集区（位置 3、位置 4 和位置 5）热处理后的情况可以看出，在密集的 BGA 区，经过长时间的湿热老化处理后，PCB 基板仍具有稳定的耐热可靠性，并未出现分层情况，证明该基板的 BGA 区域在 25℃ /80%RH 条件下可工作 10 年，其耐热性仍然能满足要求。BGA 密集区老化处理后可靠性测试结果如表 8.24 所示。

表 8.24　BGA 密集区老化处理后可靠性测试结果

位置编号	3D 景深下观察照片
位置 3	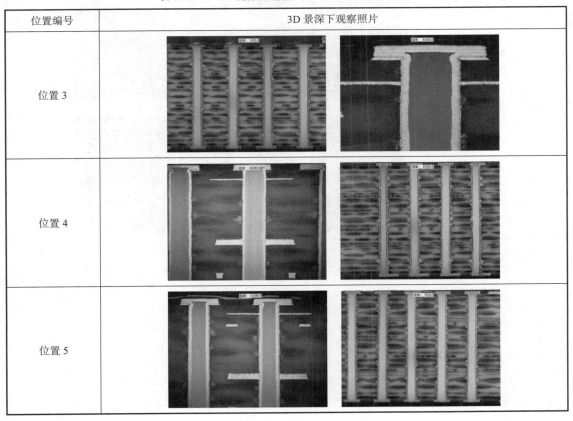
位置 4	
位置 5	

插件孔、过孔密集区老化处理后可靠性测试结果如表 8.25 所示，该表所示结果表明，在经过老化及热处理后，PCB 基板没有出现铜层分离、裂缝等可靠性问题，说明 PCB 基板在 98℃/85%RH 的条件下老化 771 h 后，插件孔、过孔密集区仍具有稳定的耐热可靠性，保证了其在 25℃/80%RH 条件下可工作 10 年，仍然能稳定地起到电气连接和器件固定的作用。

表 8.25　插件孔、过孔密集区老化处理后可靠性测试结果

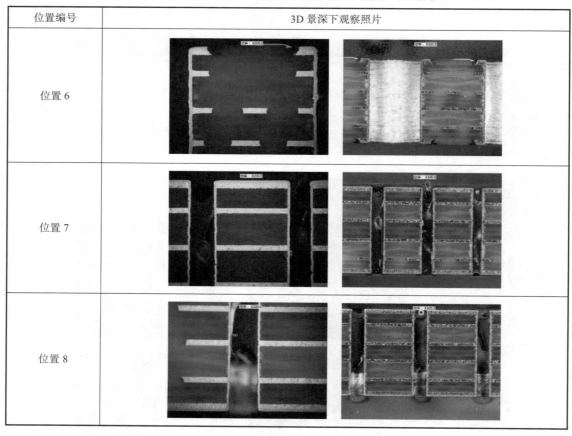

位置编号	3D 景深下观察照片
位置 6	
位置 7	
位置 8	

通过对含铜区域、BGA 密集区及过孔等 8 处位置进行观察分析，未发现分层起泡、裂缝等可靠性问题，证明该类 PCB 基板在加速老化（98℃/85%RH，771 h）的条件下仍具有稳定的耐热可靠性，从而保证了其在 25℃/80%RH 条件下能够维持 10 年的工作寿命。

2. 湿度老化对插损的影响

在 5G 通信中，板材的介电性能对高频高速信号的传播速度和完整性具有重大影响，介质材料的介电常数（Dk）和介质损耗（Df）变大都会直接造成信号传输的损耗，使插损变大。11 层及 26 层 PCB 在自然环境下，在环境温度为 98℃、湿度为 85%RH 下进行 771h 老化处理

后传输线的插损，如表 8.26 所示，该表给出了 L11 与 L26 常态及湿度老化后的插损结果。

表 8.26　L11 与 L26 常态及湿度老化后的插损结果

基板编号	L11/（单位：dB/in）				L26/（单位：dB/in）			
频率	@4GHz	@8GHz	@12.89GHz	@16GHz	@4GHz	@8GHz	@12.89GHz	@16GHz
常态插损	0.119	0.202	0.293	0.350	0.119	0.202	0.293	0.350
老化插损	0.141	0.239	0.344	0.406	0.139	0.238	0.349	0.412
插损波动	0.022	0.037	0.051	0.056	0.020	0.036	0.056	0.062
劣化程度	18.5%	18.3%	17.4%	16.0%	16.8%	17.8%	19.1%	17.7%

注释：1 in= 2.54 cm。

从表 8.26 中数据可知：在电介质原材料相同的条件下，虽然多层板的层数不同，但传输线的插损是一致的，证明层数对传输线的信号损耗影响不大。另外，PCB 差分阻抗线上的损耗随频率的增大而增加，这一结果主要是由以下两种原因引起的：其一，板材的介质损耗随着频率的升高而增大；其二，导体的损耗随着频率的升高而增大。在低频时，导体上的电流几乎均匀地分布在导体内部；但在高频时，导体中出现交流或者交变电磁场。此时导体内部的电流分布将发生变化，电流主要集中在导体外表的薄层，越靠近导体表面，电流密度越大，而导体内部的电流很小或者甚至没有电流，结果导致导体的电阻增加，导体损耗也随之增加。

在经过湿度老化处理后，两种基板在不同频率下的插损都会变大。这是由于在长时间的高湿环境中，水分会通过渗透作用进入基板内部的微裂缝内。这是由于水的 Dk 很大，在 80 F/m 左右，随着板材中水含量增加，介质材料的 Dk 逐渐增大，同时介质材料一般以高分子材料为主，水分渗入后会增加基体材料的柔性，分子链的运动性增强，更容易电极化，从而造成电导损耗及松弛极化损耗增加，最终导致板材的 Df 增大。当频率从 4 GHz 增加到 16 GHz 时，高速信号的插损与材料温湿度之间的关系会发生变化，Dk、Df 的增长都会导致传输线插损变大。

综上所述，基板在 98℃ /85%RH 条件下，老化处理 771 h，相当于基板在 25℃ /80%RH 下工作 10 年。由此以得出：该 PCB 基板在高湿状态下使用 10 年后，12 层板在 4 GHz 下的插损增大 0.022 dB/in，劣化程度为 18.5%；在 8 GHz 下的插损增大 0.037 dB/in，劣化程度为 18.3%；在 12.89 GHz 下的插损增大 0.051 dB/in，劣化程度为 17.4%；在 16 GHz 下插损增大 0.056 dB/in，劣化程度为 16.0%；26 层板在对应频率下的劣化程度分别为 16.8%、17.8%、19.1% 和 17.7%，均小于 50%。如果 26 层板 PCB 板材在常温常湿下使用 10 年，其插损劣化程度将更低。另外，从插损波动来看，两种基板在低频（4 GHz 和 8 GHz）下插损波动更小，低频信号的传输受老化影响更小。

为了更好地探究 PCB 基板插损变化情况，我们对基板在 98℃/85%RH 下老化处理不同时长后的传输线插损波动进行了研究，不同老化时间下传输线的插损如图 8.24 所示。PCB 基板上差分阻抗线的插损随老化时间的增长逐渐增大，这主要是由于在老化过程中水分的渗入。但在增大到一定程度后，其插损基本保持稳定不再升高，这主要是由于经过长时间的老化处理后，基板内部渗入的水分含量达到饱和，其对插损造成的劣化保持稳定。通过 Arrhenius 模型可得出，在 98℃/85%RH 下老化 1300 h 相当于该基板在 25℃/85%RH 下工作 13 万小时，或都在更高的湿度 25℃/95%RH 下工作 10 万小时，其插损劣化程度均小于 20%，能够满足性能衰减 50% 以内的要求。

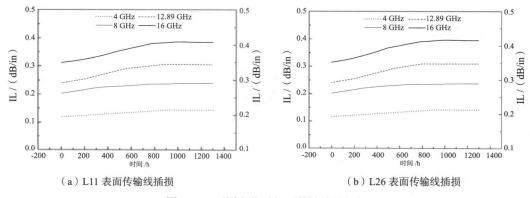

（a）L11 表面传输线插损　　　　　　　　　　（b）L26 表面传输线插损

图 8.24　不同老化时间下传输线的插损

根据前面的实验结果及分析可知，PCB 基板在高湿度条件下老化处理后，在不同频率下传输线的插损都会发生劣化，使用前期其劣化程度会随着时间的增长而增大；当内部渗入的水分达到饱和状态后，插损的劣化程度保持稳定且均小于 20%。

8.4.4　实验结论

本实验主要对 3 种规格的高速多层板在 98℃/85%RH 条件下进行老化，模拟 PCB 基板在高湿环境（大于 85%RH）下工作 10 年或更长时间，并对其老化后的耐热可靠性、传输线损耗劣化程度进行评估，结论如下：

① 经过 98℃/85%RH 老化处理 771 h 后的多层 PCB 基板经过回流焊接后，基板含铜区域、BGA 密集区及过孔等位置均未出现分层起泡、裂缝等可靠性问题，证明该类 PCB 基板在加速老化条件下仍具有稳定的耐热可靠性，从而保证了其在 25℃/80%RH 条件下能够维持 10 年的工作寿命。

② 在一定湿度的环境中，随使用时间的增加或信号频率的升高，该类高速多层 PCB 表面高速信号的插损的绝对值会有所增加；但在老化一定时间后，其吸湿达到饱和，插损基本保

持稳定。

③ PCB 基板在 98℃ /85%RH 条件下老化处理 771 h 小时后，4 种频率下基板的插损劣化程度均小于 20%，证明其插损半衰期大于 10 年，能够保证 PCB 基板在 25℃ /85%RH 下 10 年的工作寿命。

本实验中的高速多层 PCB 基板在自然环境下能够维持 10 年或更长的工作寿命，保证其可靠性及信号传输性能稳定。为了对其寿命进行更准确的评估，后续可继续进行 PCB 基板热膨胀性能、铜箔附着力性能、力学性能的劣化性能研究。

参考文献

［1］安维，曾福林，李冀星，丁亭鑫. 黑影工艺在印制电路板中的应用［J］. 电子工艺技术，2021，42(3).

［2］安维，曾福林，沈永生，丁亭鑫. 5G 天线射频插座焊点开裂问题研究［J］. 电子工艺技术，2021，42(2).

［3］安维，曾文强，曾福林，李冀星，沈永生，王东. 超期 PCB 质量风险评估分析［J］. 电子工艺技术，2021，42(6).

［4］刘彬云，肖亮，何雄斌. 导电聚合物用于微盲孔直接电镀工艺的常见问题与对策［J］. 电镀与涂饰，2018(8).

［5］李荣，黎坊贤，钟俊昌. 不溶性阳极 VCP 镀铜提升 PCB 制造工艺. 印制电路资讯［J］. 2021(1).

［6］雷恒鑫，任英杰，韩梦娜，等. 通过 HAST 快速模拟 PCB 基板老化插损波动性能［C］. 第二十二届中国覆铜板技术研讨会论文集. 2021:173-180.

［7］任科秘，谌香秀，陈诚，等. 覆铜板基材长期耐热老化性的测试研究［C］. 第二十二届中国覆铜板技术研讨会论文集. 2021:316-325.

［8］陈涛. 面向 5G 高频通信多层 LCP 线路信号完整性研究［D］. 广州：广东工业大学，2020.

［9］张正，李孝琼，高四，苏良飞. 化学镀厚铜、有机导电膜、黑孔化工艺比较［J］. 印制电路信息，2015(2).

［10］江俊锋，何为，冯立，等. 影响挠性板黑孔化工艺效果的因素探究［J］. 印制电路信息，2014(8).

［11］刘露，冯凌宇. 20∶1 的高厚径比板深镀能力研究［J］. 印制电路信息，2013(4).